昆虫记

[法]法布尔 著
张诗悦 编译

中国出版集团 现代出版社

图书在版编目(CIP)数据

《昆虫记》嵌式阅读 / [法]法布尔著；张诗悦编译. -- 北京：现代出版社, 2018.5（2021.5重印）

ISBN 978-7-5143-5539-0

Ⅰ.①昆… Ⅱ.①法… ②张… Ⅲ.①昆虫学—普及读物 Ⅳ.①Q96-49

中国版本图书馆CIP数据核字（2017）第037877号

《昆虫记》嵌式阅读

作　　者	[法]法布尔
编　　译	张诗悦
责任编辑	张　霆　哈　曼
出版发行	现代出版社
通信地址	北京市安定门外安华里504号
邮政编码	100011
电　　话	010-64267325　64245264（兼传真）
网　　址	www.1980xd.com
电子邮箱	xiandai@vip.sina.com
印　　刷	永清县晔盛亚胶印有限公司
字　　数	264千字
开　　本	700mm×1000mm　1/16
印　　张	17.25
版　　次	2018年5月第1版　2021年5月第2次印刷
书　　号	ISBN 978-7-5143-5539-0
定　　价	45.00元

版权所有，翻印必究；未经许可，不得转载

把文化基因"嵌入"孩子的心灵

每个孩子出生后,父母首先想到的是要给他们最好的营养食品,让他们能够健康成长。当我们听到"营养"二字时,脑海中往往首先浮现的是牛奶、鸡蛋、胡萝卜等,这是孩子身体成长过程中所需要的营养来源。实际上,除此之外,孩子还需要另一种营养,即"语言营养",以滋养他们的心灵,并帮助孩子们的语言和认知技能得以发展。

一位教育大家曾经说过,数学是所有学科的基础,而语文则是这个基础的基础。语文能力的高低,决定着其他科目的成绩。此外,语文的学习不仅仅是为了一个好成绩,更是为了有良好的文学素养。在走入社会以后,就会发现文化素养是有多么重要,一个人可以因为谈吐优雅而得到好的发展机会,也可能因出言不逊而被他人拒之门外。

从传统的语文教学来说,非常注重读。宋代教育家朱熹就说:"读得熟,则不解说自晓其义也。""大凡读书,须是熟读,熟读后,理自见得。"所以,要让孩子充分地读,在读中整体感知,在读中有所感悟,在读中培养语感,在读中受到情感的熏陶。

早期阅读可以帮助孩子们早一些打开认识世界的窗口。儿童早期阅读能力发展的关键期,若能抓住发展关键期的有利时机及时进行适当的培养,就能收到事半功倍的效果。相关研究已经表明,缺乏良好的早期阅读经验的儿童入学后会有学习适应上的困难,如缺乏阅读兴趣,阅读理解能力差等。因此我们应适时地培养孩子们对阅读的兴趣和习惯,使之成为孩子一生取之不尽和用之不竭的财富。

每个家长都一样,都想把自己的孩子培养成才。有的家长急于购买很多图书,可是拿到这些图书时却不知道如何培养孩子的阅读兴趣。如果把书简单地推给孩子,孩子凭着好奇心随便翻翻,很快就会扔在一边;如果要带着孩子读书,又不知道什么是最好的阅读方法,如何提高孩子的阅读兴趣,如何在阅读过程中培养孩子的语言和认知能力……

家长要培养孩子从小阅读的习惯。根据孩子的年龄特点和认知水平，为孩子挑选不同类型的书籍。在低年级，可以推荐给他们一些民间故事、童话故事、寓言故事、儿童文学等来读；在中、高年级，推荐一些杂文随笔、历史经典文学名著、名人传记等不同类型、不同内容的多种书籍。一定要注意的是，父母不能强迫孩子接受大人所认为的好书，而是要和孩子交流沟通，了解孩子的兴趣爱好，允许孩子根据自己的兴趣和需要选择不同种类的书籍，并给予孩子适当的引导。就像给孩子吃东西一样，选择图书也要讲究营养的合理搭配。如果只是让孩子阅读自己喜欢的书籍，那样并没有多大益处。给孩子读书，就要内容多样化，让孩子的思维变得更活跃，视野变得更开阔。

在这个移动互联网无处不在的时代，说起读书，可能有些生硬和矫情；试想，一边是只需要手指即可广交四海朋友品读天下新闻；另一边，手捧图书，既费力又费时。看起来这好像是堂吉诃德和风车的博弈，但是很多时候人类历经岁月沉淀的智慧之光就隐藏在《瓦尔登湖》作者梭罗的沉思中，徘徊在哈姆莱特对生命的冥想里，流连在梵高绽放的向日葵里。孩子正是这样的一个集体，聪敏、活泼、善于接受新的事物和思想，同时对这些新事物有着自己的理解和看法，有些时候会由于阅历和思维角度的局限，苦苦求索答案而不得。先贤曾说过，书是灵魂的灯塔。书以其无可企及的魅力吸引着无数追求光明和真理的人们。

孔子韦编三绝，匡衡凿壁借光，车胤囊萤映雪，苏秦悬梁刺股……古人尚且"路漫漫其修远兮，吾将上下而求索"，更何况在知识爆炸的当今社会，好读书、读好书已经成为青少年开拓创新的源泉所在，每一本书都承载着作者处世态度和智慧结晶，像一座座等待发掘的宝藏，也可以说是一张藏宝图。

如今，孩子们只见生硬的"教"，没有柔软的"育"；只有枯燥、快速的"习"，没有生动、缓慢的"学"。孩子们缺少刻骨铭心的回忆，缺少了精神生活。我喜欢愉悦的教育生活，我愉悦着，孩子们也跟我一起愉悦着。有一种阅读，在不同的时代有不同的体验。这种阅读是人类永恒的需要，因为它反映了人类心灵最深沉的探索——寻找活在这个世界上的意义和目的。

这正是现代出版社出版的这套必读名著"嵌入"式阅读丛书的价值。

古今中外，各个知识领域中那些典范性、权威性的著作，就是经典。可以说，进入"嵌入"式阅读丛书的这些著作，是经过几代编者和读者遴选的结晶，不仅具有典型的代表性，而且其受欢迎的程度也自不待言。但作为推荐书目，有两点还须说明：

其一，重要性。对人的教育，特别是在青少年时期，不仅仅来源于教师和家长的伦理说教，还来源于对社会事件和人类活动的认知和接受。作为智育和德育教化的辅助手段，优秀的文学作品能起到教育的作用。这也是教育部为中小学选定文学著作的宗旨。文学作品是通过艺术形式和人物形象来反映社会生活的，它犹如一面镜子，对开启人的心智，选择人生取向，都具有参照价值。阅读优秀的文学作品，往往能达到汲取精神力量的效果。在心灵被触动的刹那间，人的思想和品格会发生潜移默化的改变，从而在不由自主中提高了自身的道德修养，充盈了自己的精神世界。给广大读者提供丰富而足够任其选择的优秀文学作品，是文学工作者和出版工作者义不容辞的责任，我们也正是遵照这种使命编辑出版了本丛书的。

其二，必要性。导读编写有创意有特色。每本书分多个模块：例如，"阅读引擎""阅读辅导""阅读体验""阅读拓展"等，作为图书的向导，这些设计显得别出心裁、细致入微。尽管学术界对是否需要把原著"嚼烂"了喂给孩子有不同的争论，但是，对于那些需要阅读"拐杖"的孩子们，无疑还是有益的。

由于时间仓促和有限，我没有对每本书一一细读，就已经翻阅过的书稿来说，还是令人欣慰的。感谢现代出版社和各位专家学者的辛勤劳作，为孩子们奉献了这样一套高品质的经典"嵌入"式名著导读精品。更希望这套丛书，能够让那些伟大的思想、智慧、文化基因"嵌入"孩子的心灵深处，成为他们精彩人生的动力之源。

1 阅读引擎 —— *009*

本书文学地位与历史影响 —— 010
本书历史背景图解 —— 012
本书昆虫图解 —— 014
本书作者生平图解 —— 016
本书故事图解 —— 018
本书地标物语 —— 020

2 阅读辅导 —— *001*

3 原著阅读 —— *007*

蝉和蚂蚁的寓言 —— 008
蝉和蚂蚁 —— 015
蝉出地洞 —— 020
螳螂捕食 —— 030
灰蝗虫 —— 038
绿蚱蜢 —— 050
大孔雀蝶 —— 056
小阔条纹蝶 —— 074
象态橡栗象 —— 086
豌豆象 —— 101
菜豆象 —— 103
金步甲的婚俗 —— 105
松树鳃角金龟 —— 112
意大利蟋蟀 —— 114

田野地头的蟋蟀 —— 119
圣甲虫 —— 121
圣甲虫的梨形粪球 —— 136
圣甲虫的造型术 —— 147
西班牙蜣螂 —— 149
米诺多蒂菲 —— 159
南美潘帕斯草原的食粪虫 —— 161
粪金龟和公共卫生 —— 171
隧蜂 —— 173
隧蜂门卫 —— 183
老象虫 —— 185
朗格多克蝎的家庭 —— 196
朗格多克蝎 —— 211
附录：法布尔一生大事记 —— 227

阅读体验 —— *235*

感悟作品 —— 236
嵌记解读 —— 241

阅读拓展 —— *245*

本书的阅读链接 —— 246
本书的文化链接 —— 248
嵌记链接 —— 250

阅读引擎

READING
THE ENGINE

本书文学地位与历史影响

1

比看那些无聊的小说、戏剧更有趣味,更有意义。

——中国现代著名散文家 周作人

2

《昆虫记》使我熟悉了法布尔这位感情细腻、思想深刻的天才,这个大科学家像哲学家一般去想,美术家一般去看,文学家一般去写。《昆虫记》使我度过了无限美好的时光。

——法国剧作家 罗斯丹

3

《昆虫记》不愧为"昆虫的史诗",法布尔则不愧为"昆虫的荷马"。

——法国浪漫主义作家 雨果

4

在这些天才式的观察中，融合热情与毅力，简直就是伟大的杰作，令人感动不已。
——法国思想家 罗曼·罗兰

5

它熔作者毕生研究成果和人生感悟于一炉，以人性观察虫性，将昆虫世界化作供人类获得知识、趣味、美感和思想的美文。
——中国杰出的文学大师 巴金

6

法布尔是一位无与伦比的观察家。
——英国博物学家 达尔文

图解 本书历史背景

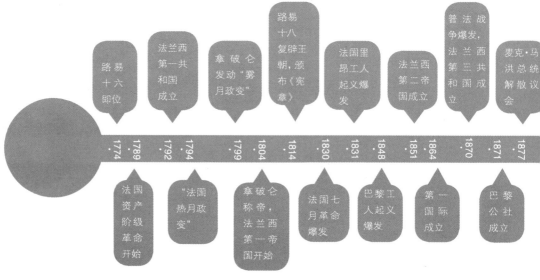

- 1774 路易十六即位
- 1789 法国资产阶级革命开始
- 1792 法兰西第一共和国成立
- 1794 "法国热月政变"
- 1799 拿破仑发动"雾月政变"
- 1804 拿破仑称帝,法兰西第一帝国开始
- 1814 路易十八复辟王朝,颁布《宪章》
- 1830 法国七月革命爆发
- 1831 法国里昂工人起义爆发
- 1848 巴黎工人起义爆发
- 1851 法兰西第二帝国成立
- 1864 第一国际成立
- 1870 普法战争爆发,法兰西第三共和国成立
- 1871 巴黎公社成立
- 1877 麦克·马洪总统解散议会

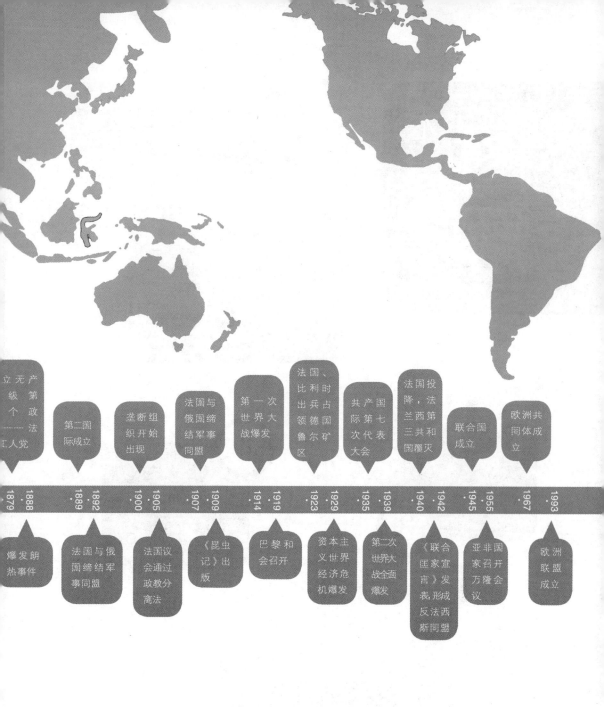

本书昆虫图解

1 蝎子
——蛛形纲蝎目，身体细长，尾部末端有毒刺。

2 隧蜂
——膜翅目蜜蜂科，以花粉和花蜜为食，尾部有一道油亮钩槽。

3 圣甲虫
——金龟子科，又名蜣螂，生活在有动物粪便的地方。

4 蝉
——半翅目喙亚目，俗称知了。

5 螳螂
——亦称刀螂，祷告虫，肉食性昆虫。

6
蝗虫
——直翅目蝗科，俗称蚱蜢，善于飞行和跳跃。

7
金步甲
——鞘翅目肉食亚目步甲科，分布极广，多为捕食性昆虫。

8
蝶
——鳞翅目锤角亚目，条纹多样，色彩丰富。

9
豌豆象
——鞘翅目豆象科，喜食豌豆、扁豆等。

10
蟋蟀
——直翅目蟋蟀科，亦称促织，俗名蛐蛐，善于咬斗。

本书作者生平图解

让·亨利·法布尔(1823—1915)，法国昆虫学家、动物行为学家、文学家。被世人称为"昆虫界的荷马""昆虫界的维吉尔"。让·亨利·法布尔是第一位在自然环境中研究昆虫的科学家，代表作《昆虫记》。

1823 12月21日出生于法国南部的撒·雷旺

1833 进入王立学院，担任望弥撒仪式助手而免交学费

1837 进入埃斯基尔神学院

1838 独自离家，以卖柠檬、做铁路工人等自立更生，考进阿维尼翁师范大学

1839 以公费生第一名考进亚威农师范学校

1844 和同事玛利·凡雅尔结婚

1854 取得托尔斯大学博物学学士

1855 发表《观察豌豆蜀植物的花和果实》

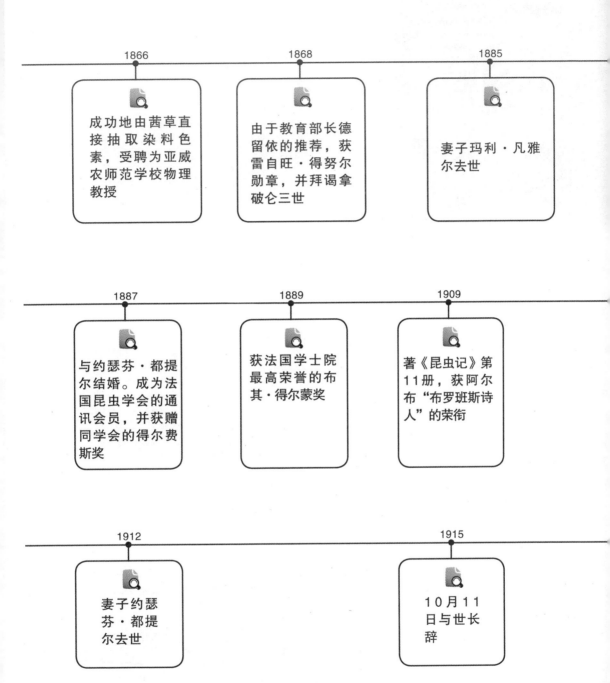

本书故事图解

蝉的寓言使之出名于"死于安乐",事实却否定了寓言家的无稽之谈,蚂蚁才是真正的强盗,炎热的7月,蝉在树皮上钻出了甘泉的井,蚂蚁是最肆无忌惮、毫不退缩地前来抢夺泉源,但歌手在夏季度过五六个星期最快乐的时光,也耗尽了生命,尸体被晒干,被蚂蚁们分扯、肢解,成为食物储备。

螳螂是田野里的霸王。小腿末端长着强壮的弯钩,钩下还有一道细槽,槽上有两把刀片,前肢就是螳螂的可怕有力的凶器,它还有轻盈的体态、优雅的上衣、淡绿的体色、罗纱般的长翼,它总是凶神恶煞地出现在猎物面前,啃食吓瘫了的猎物。雄螳螂交尾后就无用了,成了雌螳螂的婚后美餐。

一只雌小阔条纹蝶刚刚孵化,哪怕它是被关在一个房间里,甚至是一个隐蔽的盒子里,远离田野,置身于喧嚣的城市,这个消息仍然会传到树林里、草地上的有关昆虫那里,雄蝴蝶们在不可思议的罗盘指引下,从遥远的田野赶来,它们直奔那只盒子,侧耳聆听,来回盘旋。无论用什么强烈的气味去干扰,它们仍然直奔雌蝶而去。

橡栗象、豌豆象、菜豆象它们寄居在自己喜爱的食物上，并在那里繁衍生息，过着悠闲的生活。金步甲们属于"闪婚一族"，总是上演一见钟情。然而恐怖的是，雌雄虫交尾后，雌虫向雄虫发动攻击，竟然亲手杀死它的情郎，并把情郎的内脏挖空吃净。

意大利蟋蟀纤细纤瘦，颜色苍白暗淡，具有喜夜间活动的习性。它悦耳的歌声得益于发音器官。蟋蟀喜欢在树叶底下产卵。

圣甲虫属于一种食粪虫，将羊等动物的粪便制作成粪球以后，会把粪球滚回家或是埋在地底下，所以在粪金龟比较多的牧场，你只能看到新鲜的粪便，而看不到时间比较长的粪便。

朗格多克蝎子的蝎尾末端有一个光滑的囊状尾器，蝎子的毒液就是在这个葫芦状的囊里产生并储存的。蝎尾的顶部长着一根弯曲、深色、而且特别尖锐的螫针。蝎子将尾巴卷在脊背上面，并向前蜇咬被螯钳制住的对手。蝎子的螯钳不仅是战斗的武器，也是获取信息的工具，螯钳从来不被用于行走、保持平衡或者进行挖掘工作。

本书地标物语

❖ 图卢兹

法国西南部大城市。南部比利牛斯大区上加龙省省会，是法国第四大城市。位于拉泰拉勒—加龙运河和南运河的交汇处。建于古代，是沃尔卡埃泰克托萨热斯的要塞。在罗马时期城市得到发展，名为托洛萨。后为阿基坦的加洛林王朝的主要城镇。在法国大革命前，它一直对朗格多克有管辖权。

❖ 朗格多克

原法国南部一省，毗邻众所周知的东南沿海的蓝色海岸，风景多样，气候温和，阳光普照。拥有广袤的自然保护区域、原生态自然空间，为法国南部特殊文明的中心，深受罗马文化的影响。盛产优质葡萄酒。

❖ 蒙彼利埃

法国南部城市，埃罗省的省会，临地中海，经莱兹河与海相通。8世纪开始形成城市，拥有许多古建筑。1289年罗马教皇在此创办了著名的蒙彼利埃大学。该市法布尔博物馆和阿尔热博物馆收藏颇为丰富。

❖ 阿雅克肖

法国南科西嘉省首府，位于法国地中海岛屿科西嘉岛西海岸的阿雅克肖湾内。它还是拿破仑·波拿巴的故乡，还留有拿破仑三世时建立的宫殿和帝国小教堂。

❖ 普罗旺斯

法国东南部大区，毗邻地中海，和意大利接壤，中间有大河隆河流过。罗讷河在普罗旺斯附近分流注入地中海。普罗旺斯境内有艾克斯、马塞等名城，还有阿尔勒、尼姆等市镇组成。此地区物产丰饶、阳光明媚，风景优美，从古希腊、古罗马时代起就吸引着无数游人。

✪ 马塞

普罗旺斯省省会，法国第二大城市和最大的商业海港。位于地中海沿岸，三面被石灰岩山丘所环抱，景色秀丽，气候宜人。马塞是一座拥有两千五百年历史的古城，古代也叫作马萨里亚。

✪ 里昂

法国东南部大城市，法国罗纳－阿尔卑斯大区的首府和罗纳省的省会，法国第二大都市区。位于罗讷河和索恩河交汇处和从地中海通往欧洲北部的战略走廊上，是沟通北欧和南欧的交通要道。里昂是文化与艺术之都，在罗马时代就相当繁荣。现今科研和教育事业发达，是除巴黎之外最重要的教育和文化中心。

✪ 里尔

法国北部大城市，北部加莱海峡大区的首府和诺尔省的省会。法国第五大城，总人口第四，仅次于巴黎、里昂和马塞。里尔历史悠久，中世纪早期已成为大都市，现在是整个法国北部的经济、教育、交通和文化中心。

✪ 安纳托利亚

又名小亚细亚或西亚美尼亚，是亚洲西南部的一个半岛。北临黑海，西临爱琴海，南濒地中海，东接亚美尼亚高原。公元前1200年，著名的特洛伊战争在土耳其的爱琴海沿岸发生。其后，经历了无数帝国的打造和东西方不同文化的剧烈撞击。

✪ 阿蒂卡

阿蒂卡位于希腊首都雅典境内。实际上，今天被阿蒂卡东部覆盖的地区在古代就是雅典古城邦的遗址，其自身的文化、历史的传统和自然的底蕴给旅游者带来了巨大的吸引力。

从观察中获得生命的美

阅读辅导

READING
THE COACHING

作者及作品简介

让·亨利·法布尔是法国著名的昆虫学家、文学家。他生于法国南方一个贫穷的农民家庭。他从小就喜爱亲近大自然，年幼时就被乡间的蝴蝶和蝈蝈等可爱的昆虫所吸引，上小学时回到了家乡，则经常跑到乡间野外，寻找蜗牛等虫类、蘑菇或其他植物，总是满载而归。

1838年法布尔考进阿维尼翁师范大学，毕业后在卡本特拉谋得了教师职位，所教授的就是自然科学史。一次户外的几何课，忽然在石块上发现了垒筑蜂和它的蜂窝，这唤醒了他禁锢多年的"虫心"，他慷慨地拿出了一个月的工资，买了一本昆虫学著作。从此，法布尔立志做一个为虫子写历史的人。

法布尔前半生一贫如洗，后半生勉强温饱，但他没有向各种偏见和贫穷低头，他勤于自修，精心把定研究方向，坚持不懈地进行观察并研究昆虫及植物，不断获得新成果。法布尔一生最大的兴趣，就在于探索生命世界的真面目，发现自然界蕴含着的科学真理。他正因为热爱真理，所以才撰写了《昆虫记》。

作者投毕生的研究成果和人生感悟于一炉，在自然环境中对昆虫进行观察与实验，真实地记录下昆虫的本能与习性，在晚年终于完成了《昆虫记》这部昆虫学巨著。

《昆虫记》出版后，多次再版，先后曾被翻译成50多种文字。法布尔被当时法国和国际学术界誉为"动物心理学的创始人"，文学界尊称他为"昆虫世界的维吉尔"。《昆虫记》誉满全球，在法国自然科学史与文学史上都有它的地位，被誉为"昆虫的史诗"。

《昆虫记》又名《昆虫物语》《昆虫学札记》。它不仅是一部研究昆虫的科学巨著，同时也是一部讴歌生命的宏伟诗篇。它表述的是昆虫为生存而斗争所表现的妙不可言的、惊人的灵性。这是法布尔经过坚持不懈而又详细的观察，以了解昆虫的生活习性和为生活以及繁衍种族所进行的斗争，然后以其观察所得详细、确切地记入笔记，与自然界众多的平凡子民——昆虫，共同谱写的一部生命的乐章。这样一个奇迹，为新世纪的我们提供着更珍贵的启示。

《昆虫记》共十大册，每册包含若干章，每章详细、深刻地描绘一种或几种昆虫的生活，以人性观察虫性，娓娓道来，字里行间洋溢着法布尔自己对生命的尊重与热爱。

本书精选的昆虫小记包括蝉和蚂蚁的寓言、螳螂捕食、大孔雀蝶的舞会、金步甲的婚俗、意大利蟋蟀、圣甲虫搬粪球、隧蜂等。

内容欣赏

人们用简短易懂的诗句来揶揄它们：当寒风呼啸、严寒来临时，一无所有的蝉跑到它的邻居蚂蚁那儿讨食物。乞食者四处碰壁，得到让它很难堪的讥笑和挖苦，这反而让它声名大噪。蚂蚁说了两句粗俗残酷的话：您唱了又唱！我听着不错，好吧，现在您就跳吧。这两句话给蝉带来的名声远大于它精湛的唱功带来的声誉，这深深地印入了孩子们的内心深处，永不会磨灭。（蝉和蚂蚁的寓言）

当准备状态和最终状态都展现在眼前时，一切就都一目了然了：幼虫的小翼并不是按其模样加工材料并按照其凹模来制作鞘翅的简单模具。我们所盼望的包裹状薄膜并没有在这个雏形里面出现，包裹翻开后，组织的庞大和复杂的结构让我目瞪口呆。或者更准确地说，这个雏形中一直潜在着这个像包裹一样的薄膜。真正变成实物之前，它不过是保持能够变为实物的虚拟体态。它就好像橡栗之中的橡树一样在雏形之中。（灰蝗虫）

大孔雀蝶晚会是非常令人难忘的晚会。有谁不晓得这名满天下的美丽蝴蝶呢，它可是欧洲最大的蝴蝶，身着栗色天鹅绒外衣，系挂着白色皮毛领带。白色的之字形线条穿过满是灰白相间的斑点的翅膀，线条周边呈现烟灰白，翅膀中央有一个圆形斑点，仿佛一只黑色的大眼睛，瞳仁中闪烁的是黑、白、栗、

鸡冠花红色的呈彩虹状变幻莫测的色调。（大孔雀蝶）

我好几次意外发现这种钻工在自己的工地上死去。死者的姿态很奇怪，假如死亡不常是什么严重的事，特别是当它是意外发生的工伤事件的话，那各种各样的死亡姿态是会让人忍俊不禁的。插在橡栗上的探杆尖已然开始工作了，在钻杆这个要害的尖桩的顶部，象态橡栗象九十度地垂悬于空中，远远地离开每个支撑面。它早就干瘪了，也不晓得死了有几天了。爪子硬了，缩在肚腹底下。哪怕这么多虫爪如活着时一般自如而又能伸长的话，它们基本也不会犯得着挂橡栗的枝丫的。（象态橡栗象）

如果待在叶丛中无人打扰的话，它的声音便不会变化，但只要有一点响声，这位歌手就立刻改用腹部发声。你刚才听见它一直在你面前鸣唱，然后突然间，你又听到它在那边二十步以外的地方继续歌唱，实际上只是音量减弱了，你还认为是距离的原因。你急忙跑去却没发现任何东西，这声音依旧出自原先的地方。而且不仅是这样子。有时声音忽儿从左边传来，忽儿从右边传来，又忽儿从后面传来。你彻底迷糊了，无法凭借自己的听觉去辨别蟋蟀究竟是在哪边鸣叫的。（意大利蟋蟀）

这时圣甲虫最让人感叹的习性慢慢表现出来，圣甲虫匆匆忙忙地上路了，它将两条长后腿勾住粪球，而后腿锐利的尖爪则插到球体中去，起到旋转轴的作用。它将中间的两条腿用作支撑，而以前腿带护臂甲的齿足作杠杆，双足轮流按压，弓身，低头，翘臀，倒着运粪球。后腿是这机器的主要构成部分，它们不停地在运作：它们来来回回，交换着足爪，以协调轴心，让乘载物保持平衡，并在其左右两侧轮番推动，使粪球向前滚动。这样一来，粪球表面各点都一个接一个地接触地表，使其不间断地被碾压，形状更是完美，而球面硬度因为受力匀称而慢慢趋于一致。（圣甲虫）

四月天，燕儿飞，布谷叫，一场革命在安静生活的蝎子中爆发。在我的花园露天地安置的昆虫小镇里，许多蝎子跑出去做夜间朝圣了，而且一去不返。尤为严重的是，我多次看到同一块砖头下待着两只蝎子,其中一只正在大快朵颐——对象是不幸的另一只蝎子。莫非这是蝎子界同类相残的谋杀案,美好季节开始了,生性游荡的蝎子们冒失地闯进邻居家中,由于体力不及对方而被对方当作美餐,一命呜呼。或许是这个原因吧,由于闯入者被慢慢地吃了一整天,宛如被捉住的猎物一般。(朗格多克蝎)

原著阅读

READING
THE ORIGINAL

蝉和蚂蚁的寓言

不论人还是动物,他们的名声大多是靠故事和传说而来,而童话比这些故事和传说就更胜一筹了。

特别是昆虫,它们怎样吸引我们注意的呢?就是因为有很多关于它们的传说和故事,而这种传说和故事的真伪则不是那么重要了。比如,大家都知道蝉吧!至少也是知道一点吧。在昆虫的家族里,还有比它名声更大的吗?在我们的记忆深处,它总是只顾歌唱而不管以后的生活。人们用简短易懂的诗句来揶揄它们:当寒风呼啸、严寒来临时,一无所有的蝉跑到它的邻居蚂蚁那儿讨食物。乞食者四处碰壁,得到让它很难堪的讥笑挖苦,这反而让它声名大噪。蚂蚁说了两句粗俗残酷的话:您唱了又唱!我听着不错,好吧,现在您就跳吧。这两句话给蝉带来的名声远大于它精湛的唱功带来的声誉,这深深地印入了孩子们的内心深处,永不会磨灭。

蝉生活在油橄榄树上,很多人并不熟悉它歌唱的本事,但它在蚂蚁面前的窘困,大家却知道得一清二楚。

名声缘于此!一个就如自然史一般的其道德遭

词语解释

揶揄:嘲笑;戏弄。

受蹂躏的故事,一个好处只在于短小精湛的奶妈讲的故事,它成为一种名声的基础,而这种名声会像《小拇指》中的靴子和《小红帽》中的烙饼一样紧紧地支配着岁月留下来的一些记忆痕迹。儿童的记忆非常好,习惯、传统等一旦进入他们的脑子,就再也抹不掉了。蝉的名声应归功于儿童,是他们在牙牙学语时,结结巴巴地说出了蝉的悲惨遭遇。那些组成寓言内容的荒谬浅薄的东西因它们而保存下来:每当冬天到来,蝉将忍受饥寒交迫的困难,尽管再也没有它公开露面的身影了;蝉将永远乞讨几颗粮食,尽管它那柔软的吸管根本不能吃这种食物;蝉还将讨要些苍蝇和蜜蜂,尽管它对这种食物感到无比恶心。

　　这些荒谬的错误应该由谁来承担呢?拉·封丹,他的大多数寓言都描写得细致入微而让我们牢记,不过对蝉的描述却是一带而过。他非常熟悉他早期寓言里的那些主角,如狐狸、狼、猫、山羊、乌鸦、老鼠、黄鼠狼以及其他各种各样的动物,所以他在描写它们时,非常生动,入木三分。它们都是高地动物,也是他的好伙伴。他每时每刻都能观察到它们所有的生活,不论是公开的还是秘密的,不过,在兔子亚诺欢蹦乱跳的地方,蝉却是难得一见的。

　　拉·封丹从未听过它唱歌,也一直没与它谋过面。他觉得,这个著名的歌唱家肯定是一只蚱蜢。

　　尽管格兰维尔的插图与拉·封丹寓言配合得完美无缺,不过他也犯了一样的错误。在他的插图中,蚂蚁是一副勤俭持家的主妇打扮,站在门槛上,身边有成袋成袋的小麦,鄙视地背对着伸手的乞讨者。而戴着18世纪阔边女帽,胳膊下夹着吉他的第二个人物形象是在寒风中瑟瑟发抖的蝉,与蚱蜢一个模样。

　　格兰维尔也不清楚蝉的真实模样,他生动地再

词语解释

拉·封丹:(1621—1695),法国古典文学的代表作家之一。著名的寓言诗人。
《小拇指》和《小红帽》:系法国童话作家佩罗的作品,在法国家喻户晓。
格兰维尔:法国19世纪的著名画家,为《拉·封丹寓言》配过插画。

同步思考

为什么只对蝉的描述是一带而过?

现了那个以讹传讹的错误。

在这个毫不生动的小故事里，拉·封丹也只不过是个转载者。蝉备受蚂蚁嘲讽的传说在很久以前就流传开了。古雅典的儿童在上学的路上已经开始嘟囔着这个早已妇孺皆知的故事了："冬天，辛勤的蚂蚁在太阳下晾晒自己受潮的食物。一只饥寒交迫的蝉前来讨要几颗粮食，小气的蚂蚁这样回答：'你夏日里唱歌，那冬日里就蹦跳吧。'"尽管故事有些无趣，不过那正是拉·封丹有悖常理的主题。这个寓言出自古希腊，那里是著名的油橄榄和蝉的故乡。伊索真的是这个寓言的作者吗？这令人难以相信，但也没有关系，因为讲这个故事的人是希腊人，是蝉的老乡，他应该很了解蝉。我们村子里没有这么无知的农民，他们知道冬天根本没有蝉。冬天的时候，人们用锹给油橄榄培土时，会挖出蝉的幼体来。他们经常在小路旁见到它，所以知道当夏季来临时，这个幼体会从自己修建的圆洞中爬出地面，爬到细枝上，背上裂开一条缝，蜕去硬硬的外壳，颜色由浅慢慢变深，最后变成了一只蝉。阿蒂卡的农民并不愚钝，他们都注意到了连目光最短浅的人也能看出来的情形，他们也同样知道我那些乡村邻居所清楚的东西。不管这则寓言是谁创作的，他都处于很有利的条件，想必对这件事也是了如指掌的。那么，他故事中的错误是怎么来的呢？

拉·封丹不必深究，但古希腊的那位作家则是不可原谅的，他只了解书上的蝉，却不了解树上近在眼前的振翅鸣唱的蝉。他注重实在，却因袭守旧，他只是古老故事讲述者的跟随者。他在复述源自各种文明的可敬之母——印度的某种传说。对于印度人所讲述的无远见的生活会导致什么样的危险这一主旨，他根本没有弄明白，印度人编成的动物场景的故事比蝉和蚂蚁的对话更贴近真实。作为动物

词语解释

伊索：公元前6世纪前后古希腊的寓言作家。
阿蒂卡：希腊的一个半岛名，首都雅典即位于岛上。

的伟大朋友，印度人是不会犯这种错误的。许多迹象表明，故事里的主人公并不是蝉，或者说是习性与所编的故事情节非常吻合的另一种动物——昆虫。在过去很长时间里让印度河流域的贤哲们深思，让那里的孩子们回味无穷的正是这篇古老的故事。也许它的内容大都是真实的，如同历史上某个年代久远的族长第一次提出勤俭持家并叮嘱子孙后代要代代相传一样。但为了适应当时高地的情况，故事的细节也像所有其他的传说一样在岁月中被无情地扭曲了。在希腊是找不到印度人所描述的这种昆虫，于是人们便像现代的雅典——巴黎，把蝉与蚱蜢混淆了，牵强附会地把蝉加进了故事里。从此，再也无法抹去深深刻在孩子们记忆中的谬误，就这样颠倒黑白，难辨真假。让我们尝试为这个曾被寓言诬蔑的歌手翻案吧。有时这个邻居确实挺令人讨厌，这是我首先得承认的。我家门前两棵高大茂盛的法国梧桐每年夏天都会将它们成群结队地吸引过来并安家落户，此后它们便从早到晚此起彼伏地叫个不停，震得我头昏脑涨。我杂乱的思绪在吵闹声中没法安静下来。要是想这一天不完全泡汤，我就得早起做事。我原本以为可以安静地待着，可这些该死的虫子却成了我住所的一大祸害。我真不敢想象，雅典人竟惬意地听这些被养在笼子里的虫子歌唱。如果在饭后小憩，有一只蝉轻唱就可以了，要是一百只在一起，那效果便是震耳欲聋了。无法聚精会神，真是让人难以忍受啊！你说你有权歌唱，因为你先到这里的，我才是这树荫下的不速之客，那两棵法国梧桐早在我来这里居住之前已经完全属于你了。虽然你说得振振有词，但是我仍要说：你得先在你的响钹上装个降音器，降低你的歌声，以此来感激给你写故事的人。

寓言作家向我们讲述的东西是一种肆意杜撰，

事实真相便被摒除了。当然，我们也得承认，蚂蚁和蝉在有些时候有着一些关系，不过，这种关系和人们传说的正好相反。在这些关系中，蝉并不是懒惰的乞讨者，它总是自食其力，而蚂蚁才是个贪心的掠夺者，它把任何可以吃的东西都搬进了自己的仓库。不管什么时候，蝉都不可能跑到蚂蚁那里去讨饭吃，更不会一本正经地承诺过后连本带息一起偿还。恰好相反，事实上是蚂蚁饿得实在不行了，才跑去跟我们这个歌唱家乞讨的。注意我说的是"乞讨"！掠夺者的字典中是从来没有"借"这个字的。蚂蚁剥削蝉，毫无羞耻地把它掠夺一空。我们要说说这种掠夺，这是至今尚未揭晓的一件历史悬案。7月骄阳似火，午后酷暑难耐，很多的昆虫都非常干渴，在业已枯萎得打卷的花上爬来爬去，想寻觅些水来解渴，但蝉对普遍存在的水荒来说却是不屑一顾的。它用自己钻头般的细嘴，从那源源不绝的泉眼中吸出水来。它不停地歌唱着，落在一棵小树的细枝上，钻透那坚硬光滑、被太阳晒着还仍然水分充足的树皮。然后它把吸管插进钻孔里，接着就聚精会神、自鸣得意地沉浸在汁液与歌唱的甜美之中。

　　如果我们多看它一眼，也许能看到一些意外的悲惨事情。果然，一大群干渴难耐的家伙在这口井附近溜达着，井边流出的汁液暴露了蝉的位置。它们蜂拥而上，一开始还非常小心的，只是咂咂流出来的汁液。我看到许多的胡蜂、苍蝇、球螋、泥蜂、蛛蜂、金匠花金龟全拥挤在甜蜜井口附近，其中蚂蚁的数量最多。

　　最小的一只，为了靠近这口井，它竟然从蝉的肚子下面钻了过去，宽宏大量的蝉便抬起爪子，以方便这些不请自来之客通过。个头儿大的急得抓耳挠腮，飞速地挤上前去，快速地舔上一口，再退出来，再到附近的树枝上转悠一圈，然后又更加大胆地返

词语解释

业已：已经。
自鸣得意：鸣，表示，以为。自以为了不起，表示很得意。

回来。不请自来之客的贪心迅速膨胀：开始还小心翼翼的它们，现在突然变成了一群无法无天的乱哄哄的侵略者，它们一心要从井边赶走掘井者。在这群不顾一切的强盗中，蚂蚁最胆大也最放肆。我见过一些蚂蚁在咬蝉爪，还有一些蚂蚁在扯拉蝉翼，甚至还有的爬到蝉的背上，拽蝉的触角。一只胆大妄为的蚂蚁就在我的眼前咬住蝉的吸管，拼命地想把它从树枝里拽出来。

最后这些蚂蚁把巨蝉折腾得毫无办法了，只能弃井而去。它离开时还向这群可耻的侵略者撒了一泡尿。蝉高傲的蔑视对蚂蚁来说算不得什么！现在它们的目的已经达到了——这口井属于它们了。不过，井泵已经不再运转了，自然井没过多长时间也干涸了。井水虽少，但却甘甜。一旦机会来了它们还会用同样的办法再喝上几大口。大家都看到了，事情真相已经将寓言臆想出来的角色完全颠倒过来了。蚂蚁是厚颜无耻的强盗，而蝉才是心甘情愿与受苦者分享甘露的劳动者。能够将颠倒的事情扭转的还有一点。五六个星期悠长的欢唱过后，歌手的生命已经走到了终点，它从大树高处掉了下来。烈日晒干了它的身体，人们从上面踩踏而过。蚂蚁寻找粮食的时候碰见了它。蚂蚁马上将这美食撕碎，分解，弄烂，运到自己充盈的仓库里去。我们甚至能看到蝉已奄奄一息、翼却在尘土中抖动的情景，这时的蝉我见犹怜。看到这同类相残后，就很容易看出这两种昆虫之间的关系究竟是怎样的了。古希腊和罗马对蝉的评价都是非常高的。被称为"希腊贝朗瑞"的阿纳克雷翁就曾经深情地为蝉写了一首颂歌。他写道，"你宛如诸神"。不过诗人称颂蝉的理由却不合适，按他的说法蝉有以下三个特点：生于地下，不知疼痛，有肉无血。我们不必对这位诗人犯的错误吹毛求疵，因为这些看法在当时相当

词语解释

贝朗瑞（1780—1857）：法国著名诗人，歌词作者。
阿纳克雷翁：公元前6世纪古希腊抒情诗人。

> **词语解释**
>
> 普罗旺斯：普罗旺斯是罗马帝国的一个行省，英文简称PACA，现为法国东南部的一个地区，毗邻地中海，和意大利接壤。
>
> 务实派：大多是唯物主义，讲究实际效果，不喜欢浮夸。绝对的务实派不会胡思乱想，踏踏实实去面对自己的生活，不会胡乱投机，对喜欢的东西有条件就买，没条件就不去想，不会做着天上掉元宝的梦。

普遍，而且在有人仔细地观察之前，这种说法流行一时。再说，在这种注重对仗押韵的小诗句中，人们对这点并不过多关注。时至今日，这些普罗旺斯的诗人们和阿纳克雷翁同样对蝉很熟悉，在赞扬他们视为代表的这种昆虫时，也没有仔细关注过真正的蝉。不过，这种指责却与我的一个朋友毫无关联，他是一个痴迷的观察者，一个谨慎的务实派。

他允许我从他的活页本中抽出一页普罗旺斯语的诗，他以认认真真的科学态度重新描述了蝉和蚂蚁的关系。诗中的意象和道德评价责任在他，我的博物学园地上开不出如此娇艳的花朵，但是，我得承认他所描写的真实性与每年夏天我在花园中的丁香上所看到的情况一样。我把他的诗翻译成法语附在下面，但意思只是相近而已，因为法语中并没有所有普罗旺斯语的对应词。

蝉和蚂蚁

一

上帝啊,酷暑逼得人无处躲闪!
可此时正是蝉的好时间,
它如痴如狂,放声欢唱。
七月如火,收割正忙。
麦穗翻滚,好似波浪,辛劳的人们弯腰弓背,
辛勤劳动不歌唱;
他们口干舌燥,有歌难唱。
现在正是你的好时光,就请放声歌唱,
玲珑可爱的蝉,
鼓动你的翅膀,
拧动你的身躯,擦亮你的乐器。
农夫挥舞镰刀割下麦秆,
刀光在麦浪中闪亮。
水壶在农夫腰间摇晃,
罐里装满水,罐口塞着草。
磨刀石在凉爽的木盒里躺,
有水不断淋润着,
而农夫在烈日下挥汗如雨,
只感觉骨髓都要被晒沸了。

可你，蝉儿，你是有泉水来解渴的；
你用尖尖的吸管钻透树皮，
挖掘一眼甘甜多汁的水井，
汁液顺着细细的吸管流出。
泉水源源流淌，
你甜甜地吮吸来享。
啊！美好时光总不会很长！
环顾左右皆是强盗，
还有那些游手好闲的流浪儿，
都发现了你掘了一口甘井。
它们干渴难耐，痛苦地蜂拥而来，
想要分享你的一点甜浆。
小心点哦，我的小蝉儿。
这群饥渴难耐的盗贼，
先是<u>彬彬有礼</u>，
转眼就变为了无耻暴徒。
它们先是润润嘴唇，
接着便不满于你的残羹剩饭，
它们昂起头来，想全部占有。
它们将会得偿所愿。
它们的爪似钩，摆弄你的翅膀。
在你宽阔的后背上，
爬来爬去不停忙，
挠你的嘴，拽你的角，撕你的脚趾。
它们把你扯向四方，
使你发怒并惆怅。
你一泡尿吱的，
向这帮列强喷去，
你从树枝离开，
离这群无赖远远地，
可甜水井被它们抢占了，尽情欢畅，狂笑不止，
舔着<u>玉露琼浆</u>，津津有味。这帮流浪汉中最贪

词语解释

彬彬有礼：彬彬，原意为文质兼备的样子，后形容文雅。形容文雅有礼貌的样子。
玉露琼浆：琼，美玉。用美玉制成的浆液，古代传说饮了它可以成仙。比喻美酒或甘美的浆汁。

得无厌的是蚂蚁。

像苍蝇、黄边胡蜂、胡蜂、鳃角金龟，
等等无赖、骗子，
都是被烈日逼得无奈才跑到你的井旁，铆足劲儿要把你伤害的只有蚂蚁。

脚趾被它踩，脸被它抓，鼻子被它捏，还在你的腹下乘凉，
凡是这些，就属它最强。
这无赖拿你的爪子当梯子，大胆地往你的翅膀上爬，趾高气扬地荡来荡去，奔忙于上下。

二

现在讲述一个故事，不足为信。老人们曾在早年对我们说，在冬季的某天，饥肠辘辘、低着头的你，向前偷偷地窥视地下蚂蚁的粮仓。晚上，富裕的蚂蚁把寒露打湿的麦粒放在太阳底下摊晒，以备很好地储藏在粮仓中。蚂蚁在给已经晒干的麦粒装袋，你突然到来并眼噙泪水。你恳求它说：

"天地寒冷，北风凛冽，
我都快饿死了。你余粮如此之多，
先借给我一点吧，等到甜瓜成熟的时候，
我必定奉还于你。
借点麦粒给我吧。"
你还是回去吧。
你幻想着它会借给你，
那就是痴人说梦了。
那大堆大堆的粮食，
休想弄到一点点。
"走开吧，刮碗底去吧。
你夏天唱得那么起劲，
到冬天就活该挨饿！"

古老的寓言就是这样讲的,
它告诉我们做个小气鬼,
紧紧看护好钱包……
让那些懒蛋挨饿才好!
寓言作家实在是<u>天马行空</u>,
竟然说你冬天去寻找
苍蝇、虫子、麦粒,
可这些都不是你的食谱。
麦粒?天哪,你要它干什么?
你自有你的甘泉,
你不求他物。
寒冬与你无缘!你的子孙后代
在地下酣眠,
而你也将离开世间。
你的身体落下,一命呜呼。
有一天,觅食的蚂蚁,看到了你。
在你空空的躯体上,
讨厌的蚂蚁在争抢,
掏空了你的胸腔,把你撕成了碎片,
当作腌货储存,
冬日大雪纷飞,这可是美味佳肴。

三
这才是事实的真相,
与寓言说的大相径庭。
该死的,你们作何感想!
啊,占小便宜的家伙,
尖爪利钩,<u>挺胸腆肚</u>,
带着保险箱横行世上。
混账的,你们<u>反唇相讥</u>,
说艺术家从不劳动,

词语解释

天马行空:天马奔腾神速,像腾起在空中飞行一样。比喻诗文书法等气势豪放,不拘一格,流畅自然,也指思维的不同寻常的跳跃,还指不切实际的想法。

挺胸腆肚:表面意思是指某人吃饱了,挺着肚子招摇过市。真正含义其实是,表现出非常得意的样子。

反唇相讥:收到指责不服气,反过来讥笑、讽刺对方。

懒蛋活该遭殃。
闭上嘴巴吧,
蝉在吸风饮露,
你们却偷吃偷喝,
直到它死亡,你们还不肯放手。

我的朋友用善于表达的普罗旺斯方言,这样为被寓言污蔑的蝉平了反。

蝉出地洞

夏至快到的时候，第一批蝉现身了。在行人熙攘，被太阳炙烤，被踩得结实的小路上，裂开着一些大拇指般大小的孔洞，这是蝉的幼虫爬出地面时留下的。

除了耕过的土地，这样的洞遍地都是。这些洞一般在干燥的地方，特别是在道路两边。

出洞的幼虫都有锋利的工具，必要时可以穿透那些泥沙和干黏土，所以它钟情于最硬的地方。

一堵朝南的墙反射过来的阳光又照在我家花园的一条甬道上，仿佛到了塞内加尔，那里可以发现很多蝉出洞时留下的圆洞口。

6月末尾的几天，我检查了这些不久前被遗弃的洞穴。地面非常坚实，我需要用镐来刨。

洞口是圆的，直径大概二点五厘米。洞口的四周，没发现一点儿浮土，更没有推出洞外的小土堆。

事情显而易见：蝉的洞跟粪金龟这帮挖掘工的洞不同，上面没有堆着一个小土堆。两者不一样的工作程序造成了两种洞的差别。

食粪虫是从地面开始向下挖掘，他先挖洞口接着往下挖洞身，然后把浮土推到地面上来。堆成小土丘。

而蝉的幼虫恰恰相反。它是先从地下钻出地面。最后才钻开洞口，洞口是最后一道程序，洞打开后自然不用清理浮土。因为根本就没有浮土可清理。食粪虫是挖土进洞，所以会在洞口留下一个小土丘，而蝉的幼虫是从洞里钻出来，没法在没有做成的洞口旁边堆积任何东西。

蝉洞大概四十厘米深。洞是圆柱形的，随地势变化而弯曲，但不会太偏离垂直线，因为这样的路程是最短的。洞中间畅行无阻，想在洞里找到挖洞时留下的浮土是不可能的，无论哪儿都找不到浮土。洞底是个死巷子，做成了一个敞亮的小房间，四周光滑，没有与别的通道相连的痕迹。从洞的长度与直径推算，大约要挖出二百立方厘米的土。挖出的土去哪儿了呢？在干燥的土中挖洞，如果只钻孔而不做防护措施的话，洞身和洞底的墙壁应该是粉末状的，非常容易塌方。可我却奇怪地发现洞壁被粉刷过，涂了一层泥浆。实际上洞壁称不上光洁，但是，粗糙的洞壁已经被一层泥浆糊住了。洞壁上那容易散开的土被粘住了，就不容易脱落了。

蝉的幼虫可以在地面到洞底小屋之间上上下下，来去自如。而它锋利的爪子一点不会碰到洞壁并刮下泥土。否则就会堵塞通道，往上走很困难，回头也不容易。矿工使用支柱与横梁支撑坑道，地铁建设者用钢筋水泥加固隧道，蝉的幼虫这个出色的工程师用泥浆粉刷四壁，让洞穴可以使用很久而不堵塞。

如果我打扰了从洞中爬出来，在近处的一根树枝上蜕变成蝉的幼虫的话，它会马上小心地从树枝上爬下来，毫不费事地爬回自己的洞底小屋去，这就表明这个洞就算被永远遗弃，也不会被浮土堵塞。

同步思考

长期居住在洞里的幼虫如何知道洞外的天气情况呢?

这个洞穴不是幼虫急于出来而草草造就的,这是一座货真价实的地下小城堡,是幼虫长期居住生活的地方。洞里这些经过粉刷的墙壁就能很好地证明这一点。如果一个简单的出口在弄好没多长时间就要废弃的话,那就用不着这么费事了。毋庸置疑,它还有一个作用,即作为气象观测站,使幼虫即便在洞里依旧能对洞外的天气情况一清二楚。幼虫长大、成熟了,就要爬到外面去,但是身处洞穴的它没有办法就洞外的天气是否合适做出正确的判断。地下的气候变化不能给幼虫提供正确的判断天气的资料,可是此时正好是幼虫成长过程最重要的阶段——在太阳照射下蜕变成蝉,而必须要知晓的。

在连续几周,有时甚至是好几个月的时间里,幼虫都在非常耐心地做挖土、清理通道这些工作,并加固垂直的洞壁,不过它却并不把地表挖透,而是和外面保持着一层有一指厚的土层相隔的状态。它还在洞底建造了一个小屋,在这花的精力比其他的地方都多。这小屋既是它的容身之所,也是它的起居室。

如果根据天气预报所讲,它的搬家时间还需要往后延长,于是它就在小屋子里面休息着。如果它稍微感觉外面天气很好的时候,它就会从洞底爬出,登到高处,透过薄薄的土层对外面的温度和湿度进行探测。对于幼虫来说,对其威胁最大的就是狂风暴雨。如果天气不佳,那些小心谨慎的家伙就会乖乖地待在洞底静静地等候。反而言之,如果气候很好,你将看到幼虫们用爪子将这层薄薄的土捅破,钻出来。幼虫也不用一直长时间地待在洞里,有时为了探测一下洞外的天气状况也会爬到地表下面,当然有时为了把自己更好地隐蔽起来就藏在洞底。这些现象都表明,蝉的洞穴不仅是个等候室,同时也是用来做气象观测站的,这也正是蝉为什么在地洞深处建有一个如此舒适的休息场所，且为了防止塌落将洞壁涂上涂料的原因了。

虽然如此，可有几个很难解答的问题，首先，挖出来的那些浮土都处理到哪儿去了呢？其次，一个拥有二百立方厘米浮土的洞穴，是如何使浮土全部消失不见了呢？这么多的浮土没有在洞外被发现，洞内也丝毫不见其影。最后，那么多像炉灰一样干燥的泥土，是用何种方式如泥浆般被涂到墙壁上的呢？回答第一个问题得找蛀蚀木头的虫子了，也就是天牛和吉丁等幼虫。这种幼虫能够在树干里钻洞，并且擅长于一边挖洞，一边吃挖出来的那些东西。像这样被挖洞者挖出来的东西从它的一头经过到另一头，只会滤出极少的营养，剩下的会随之排泄掉并在幼虫的身后留下，同时幼虫也就无法再次返回通过了，因为此时通道已经被完全堵塞了。这种把消化过的物质更加紧密地压缩的最后步骤是由胃或颚来进行的，压缩后能给幼虫的前面挤出一块小地方，使它能够在那里面干活。但是这仅仅够这个囚徒在里面动，毕竟这个地方十分的狭小。蝉的幼虫挖掘地洞的办法是不是与之相似呢？可想而知，蝉的幼虫体内要想通过浮土那是不可能的，哪怕十分松软的腐殖土也不可能作为幼虫的食物。但不管怎么说，随着工程的进展挖出来的浮土会逐渐地被抛到幼虫的身后。在地下要度过四年漫长生活的蝉当然不是一直待在被粉刷过的洞底小屋喽。幼虫从遥远的地方漂泊而来，把自己的吸管从一个树根插到另一个树根。有一点毫无疑问，它为自己开辟一条道路并将挖出的土抛在身后，每当逃脱冬天寒冷的上层土壤，或是搬迁到一个更适合定居的好处所时，就像天牛和吉丁的幼虫一般，这个流浪儿移动只需很小的一部分空间。一些容易压缩的潮湿、松软的土在它看来就如同天牛和吉丁幼虫消

词语解释

吉丁：吉丁虫俗称爆皮虫、锈皮虫，属鞘翅目、吉丁科。成虫咬食叶片造成缺损，幼虫蛀食枝干皮层，被害处有流胶，危害严重时树皮爆裂，甚至造成整株枯死，故名"爆皮虫"。
颚：某些节肢动物摄取食物的器官。

化过后的木质糊糊。压缩这种泥土十分容易，堆积起来就等于腾出空间了。困难的是在干燥的土中挖掘而成的蝉洞，一旦土一直保持干燥，压实、压紧就十分困难。有这么一种目前还没法证明的可能的现象，就是在挖掘通道的开始阶段，幼虫把一部分浮土抛在身后一条它当时看不见的却在之前已经挖好的通道里。可是，从洞的容量，找到能够存放如此多浮土的地方具有多大的难度等问题来考虑时，你又会对其产生怀疑，你会问："只有具备了足够大的空间才可以储存这么多的浮土，可是在成就这个大空间时同样会产生很多的浮土，如此下去浮土处理的问题还是得不到解决。岂不是无限循环了？"无止境的反复，何时是头？于是，仅靠把浮土压紧压实抛到身后来解释空间出现的问题的说法不够充分。如何处理这碍事的浮土，蝉肯定另有法宝。我们试着揭晓这个法宝。细心的你会发现从洞中爬出的幼虫的身上多多少少都会带点或干或湿的泥土。它的挖掘工具前爪尖上附有许多颗粒，在身体的其他部位也好像戴着泥手套，一层泥被子也很好地盖在背部，它仿佛就是下水道的清洁工。它从干燥的土里爬出来时它的身上居然还有这么多的污泥真是让人惊讶不已。我们能够想象它满身尘土，却没有想到它会全身污垢。蝉洞的秘密便随着这个线索一直探索下去而被揭开了。我挖出了一只正在专心挖掘洞穴的幼虫。值得庆幸的是，我从幼虫挖掘的过程中得到了惊人的发现，洞有大拇指长，无任何阻塞物，一间休息室在洞底，眼前所有的工作都聚集在这。下面的这些状况很好地展现了这位辛勤者：与我在出洞时找到的幼虫相比，它显然更苍白。大大白白的眼睛，模糊不清且识别不了东西。视力在地下能有何用呢？当幼虫出了洞，眼睛变得黝黑明亮，才表明其能看见东西。之后出现在灿烂的阳光下的蝉必定要学会寻找，有必要的话还要去离洞口更远的地方寻找合适的悬挂树枝以便其在上面很好地蜕变。此时视力就起到了关键的作用。它兢兢业业辛勤劳动，在准备蜕变的期间完成视力成熟，这能充分地证明了幼虫的上行通道不是仓促挖成的。

　　此外，体形比成熟时大的幼虫是盲目苍白的。它就像得了水肿病似的，体内全部都是液体。你用手指很用力地捏它时，它的尾部会渗出清凉的液体，会把你的手弄得湿漉漉的。肠内排放出来的这种液体是尿液还是吸收液体的胃消化后的残汁呢？我不知道用何种方式去判断，但为了便于我们去说明暂且就叫它尿吧！它的法宝也就是这个尿了。幼虫在向前挖掘之前先浸湿身边的泥土，等待泥土成为糊状的时候，就将这些泥紧贴在墙上。这个湿土很具有弹性，很容易地就糊在了之前干燥的土上，并成为泥浆，渗透到粗糙的泥土缝隙里。最里层是最稀的泥浆，其余的泥被幼虫再次挤压堆积，涂在空余的缝隙里。如此一来，坑道便变得十分畅通了，浮土被和成泥浆之后，就变得更加密实和匀称了。

　　让人觉得奇怪的是幼虫从十分干燥的土层中钻出来的时候全身沾满泥污，毕竟它是处在潮湿黏糊的泥浆中干活的啊！像矿工一样干着脏累活的日子已经不再出现在成虫的身上，但是它也没有完全地丢掉尿袋，反而将其作为自卫武器。你想要靠近它以便观察，它会毫不怠慢地将尿液喷向你。大家都知道无论在哪个形态，蝉都是最喜欢干燥的，但它同样也一直是了不起的浇灌者。即使幼虫体内积满了液体，但是要想把所有从地洞挖出的浮土完全弄湿还是很有难度的，当蓄水池干了就得再次储水。如何找到水源，如何摄入水？我大概能得到答案了。我十分小心地挖开了几个完整的洞口，发现

嵌记妙语
幼虫的消化系统短小简单，所以捏后排出的液体的成分不好判定。

同步思考
幼虫生活在干燥的泥土中，怎么会有这么多液体呢？

一些如铅笔粗细、麦秸管一般的生命力很强的树根须在洞底的小屋壁上。洞口处能目测的只有很短的几毫米的树根须,而其他的部分都在周围的土里。此泉眼是一时的邂逅还是有意寻找到的呢?我更赞同后一种答案,因为在我小心地挖掘蝉洞的时候,总是见到了这样的一根须。其实,蝉在挖洞建造洞室的开始,总是要仔细寻找到一个新鲜的小树根旁。它将一丝根须刨出来,嵌入洞壁而又不突出壁外。我想这液汁泉也就是来自墙壁上了,幼虫便是从这里摄取水分以达到补充自己尿袋的目的。一旦在和泥时将尿液用完,它就会回到自己的小屋将吸管插入根须以吸取足够的水。灌满尿袋之后,它再次爬回去,继续将硬土弄湿,再用爪子将泥浆拍实、压紧、磨平,于是畅通无阻的通道便形成了。情况大致就是如此。因为不能到洞底去所以不能直接观察到,但是逻辑推理等多种情况都证实这一结论。假设没有根须这一个泉水眼,同时幼虫体内的尿袋也无水了,那时的情况会是怎样呢?通过下面的实验会让我们知道。我抓到了一只从洞底向上爬的幼虫,用试管将它装起来,将它放在底部再将试管填满松软的干土,将它埋在土里了。这个十五厘米的土柱子比它刚才离开的那个地洞高三倍,即使土质一样但地面的土要比试管的土要硬许多。被埋在我那短小管状的土柱子里的幼虫能否重新爬出来呢?一旦它努力,肯定能爬出来。一个并不坚固的土堡垒对于身经百战的幼虫来说会成为困难吗?

可我还是有点担心。幼虫在顶破管与外界的那道最后的屏障时耗去了它储备的全部液体。因为没有活的根须了。它的尿袋没能再次灌满,于是它的尿袋也就干了。我对它的担心不是没有道理的,果不其然. 三天过去了,我看见耗尽体力的幼虫,没能爬上最后那一拇指的高度。它动过浮土,可是没有

嵌记妙语

从实验中法布尔发现,在没有根须供应,幼虫体内的尿袋里也没有水的情况下,即使它身经百战,即使去挖土质松软的土柱子,也会因没有尿液帮助润湿泥土固定在洞壁上,造成浮土塌落而需要不停挖洞,致使体力耗尽致死。可是如果它体内尿袋充满时,则会很容易征服这松软的土柱。

黏合剂就不能当场黏合，更没办法使浮土固定住，一拨开就塌了下来。如此一遍又一遍地挖、爬，但成效很小。在第四天的时候，幼虫耗尽体力而死。如果幼虫的尿袋是满的，那结果就不同了。于是我就抓了一只尿袋很满的甚至全身浸满尿液的幼虫进行了一模一样的实验。对于它来说这工作太简单了，似乎无任何阻力。

　　幼虫用一点尿液汁滋润了自己的身体后很快地将土和泥浆黏合在一起，紧接着就将它们分开、抹平。地道就这样形成了，虽然不是十分的规则，伴着它一步步地往上爬，它的背后基本上都合上了。似乎它知道无法给自己补给水分，因此它只好省下体内的每一滴水争取早日离开这个陌生的地方。不到生死关头绝不轻易使用那宝贵的水。十几天后，它终于胜利地爬了出来，这多亏它的算盘打得精啊！出来后的它嘴张得大大的，如钻头钻出来的孔一般。幼虫为了寻找一个空中楼阁于是爬出洞来在附近转悠了一番，像细荆条、百里香丛、禾蒿秆儿、灌木枝杈之类的，一旦找到之后就仰着头用前爪牢固地抓住枝干往上爬，要是树枝还可以放下别的爪子，那它一点也不费劲地就全都抓住；相反，要是无地方再容纳别的爪子，有它的两只前爪钩住也就足够了。接下来它稍作休息，使抓着枝干的爪子硬起来，变成扎实的支柱。之后不到半个钟头的时间里，先是背部的中间逐渐裂开，然后蝉从裂缝中钻出来。钻出来的蝉变成全新形象，两个翅膀湿湿的，有光泽、沉重、明亮，上面有一条浅绿色脉络。褐色的胸部，浅绿色分布在身体的其他部位，还有一块块的白色斑块。随着阳光的滋润和长时间在空气中，弱小的生命越来越茁壮，身体的颜色也越来越深。大约两个钟头过去了，还不能看出鲜明的改变。对微小的动作都十分敏感的它仅是用前爪抓住它已旧的躯壳。这时的它看上去总是绿色的，是那么的脆弱。最后，它的身体色彩变深了，并逐渐变成了黑色。这就是整个体色变色的过程。此过程前后约半个小时，9点钟登上树枝的它在12点半的时候在我的注视中飞走了。

它那牢牢挂在树枝上的旧躯壳很完好，除了背部的那道裂缝，秋天的风也没能将它吹落。你会时常地看见有的蝉壳在树上一挂就是好几个月，姿态如幼虫蜕变时那样完好无损，甚至整个冬天都不会掉。这种旧的躯壳如干羊皮般十分坚硬，仿佛是蝉的替身在守望它的往日今朝。

令人感叹的是乡下邻居的那些关于蝉的传说，如果让我把所有的怀疑都讲出来，那是不可能的。我就说一个从那里听来的故事吧，仅此一个。

曾经的你受过肾衰之苦吗？曾因为水肿导致走路摇摇摆摆吗？那你有没有想过得到一种治疗它的奇方妙药呢？告诉你农村就有这个神奇的药，那就是蝉了！盛夏，将成虫的蝉一个个地收集起来，穿成一串一串地放在太阳底下晒干，等晒干了将其摆放在衣柜的角落。如果家庭主妇没在7月把成蝉串起来晒干收藏的话，她会责怪自己记性不好。当你感觉自己肾脏发炎，并且小便不顺的时候，怎么办呢？蝉熬汤药是最好的治疗秘方。

听说这药的效果很不错，有一回，我全身不自在，也不知道是哪里的原因。我就喝了一位好心人给我的汤药，开始我什么也不知道，事后他告诉我，我才明白。我十分感激这位善良的人，但是我对这个偏方还是有点疑惑。让我意外的是，阿那扎巴的老医生迪约斯科里德也推荐用这种药方，他说："蝉，干嚼着吃下去，可治膀胱疼痛。"自从从佛塞来的希腊人将蝉和橄榄树、无花果树、葡萄等这些东西带到普罗旺斯之后，普罗旺斯的农民就把它们当作

同步思考

成虫的蝉可入药吗？

珍宝一样。只要身体有点不适，迪约斯科里德就推荐烤蝉吃。如今大家都将蝉用来煨汤，用作煎剂。

　　说这是利尿的好偏方，纯粹是天真无知。谁要是想抓蝉，它就立刻向你撒尿了，随后飞走，这是众所周知的事情。这仿佛是它向我们展示它排尿的能力，导致迪约斯科里德等同一时代的人都以这为理由而推行这一秘方，同样我们普罗旺斯的农民到现在还这样看待。啊，和善的人们啊！假如你知道幼虫可以用尿和泥来建自己的气象站的话，你会怎么看待？拉伯雷是这样描述的：卡冈都亚为了减少人口，在巴黎圣母院的钟楼上坐着，从自己庞大的膀胱里撒出尿来，淹死了巴黎的闲散人等。当你知道这个故事以后你还会相信这是真的？

词语解释

卡冈都亚：法国16世纪著名作家拉伯雷的《巨人传》中的主人公。

螳螂捕食

同样让人产生极大兴趣的还有南方的一种昆虫,但是它天生就很寂静,名声与有名的蝉比起来,就是一个地下一个天上。假设上帝赐给它一副让人喜欢的好嗓子,同时加上它奇怪的体形与独特的习性,那么蝉定会因它的名声而默默无闻。这里的人们称它为"祷上帝",学名为螳螂,"修女袍"是拉丁文的叫法。科学叫法与农民淳朴的语气在这里是一样的,能传达神谕的女预言家是他们的一致看法,它很独特,是一位沉浸在神奇信仰里的修女。这样的比方渊源颇长。"占卜者""先知"就是古希腊人对这种昆虫最早的叫法。农村群众在比喻这方面也不甘示弱,对所见的不清晰的情境添砖加瓦。有一只姿态怪异的昆虫,身子半仰着,庄重严肃地站在草地上顶着烈日暴晒。仅见在它身后遮有那像亚麻长裙一样宽大薄透的绿翅膀,也可以称其为两只前腿伸向天空的胳膊,一副祈祷的样子。描述到此为止,其余的则由农民们的想象来完成。就这样,从古至今的荆棘林中就住满了这么多传达神谕的女预言者、向上帝祈祷的可怜的修女了。

啊,天真友善并且幼稚的人们,可知道你们被

同步思考

农民为什么这样称呼螳螂?

蒙骗得有多深哪！它那祈祷的姿态下藏的是残暴的本性，那看似祈祷的手臂其实是要命的利器啊：它从不拨动念珠，而是不放过每一个路过的生命。让你意想不到的是，螳螂是直翅目食草昆虫中的一个另类，它专吃活食。它如老虎般埋伏于和平的昆虫世界，等待好的时机猎取新鲜的食物。不难想象，它力大如牛，残暴凶狠，坚硬锋利的前臂，使它如愿地称霸一方，真正的<u>凶神恶煞</u>的刽子手就是螳螂。

如果没有那双致昆虫于死地的前臂，螳螂并不那么可怕。从它矫健的身体、淡色的体色、幽雅的外表还有那稍长的薄翼来看，甚至可以说它的气质温文尔雅。它的大颚没有剪刀般凶狠，一张尖尖的小嘴，似乎生来就是用来啄食的。

它的头能够左右旋转，俯仰自如，从前胸伸出的柔软脖颈造就了这样的本领。要知道在昆虫之中能够引导目光、观察、打量、做出面部表情的仅有螳螂。

与作为捕猎工具的前爪相比，它那安静的身躯形成强烈的反差。修长有力的腰肢能够让其很好地往前伸出狼夹子，能够主动地去捕捉猎物而不是<u>坐享其成</u>。略带装饰的前臂十分好看。腰肢内侧饰有一个美丽的黑圆点，圆点四周衬托着几排细珍珠，中间处是白斑。

螳螂有如扁平纺锤般的长长的腿，两行尖利的齿刺在腿的前半段。一行十二颗长短不一的齿刺在里面，长的黑，短的绿。

这样长短不一的齿刺组合在一起增强了杀伤力，使利器更加势不可当。外面的一行与其相比要简单很多，仅有四颗齿刺，三颗最长的齿刺长在两行齿刺末端。总而言之，螳螂的大腿如同一把间隔着一条细槽的具有双排平行刃口的钢锯，小腿弯起可藏在当中。

词语解释

凶神恶煞：原指凶恶的神。后用来形容非常凶恶的人。
坐享其成：自己不出力而享受别人取得的成果。

关节将大、小两腿连接起来，活动自如的整条腿也是一把平行的双排刃口钢锯，只不过小腿上的齿刺比大腿上的要小一些，但其数量要多很多。有一硬钩在小腿尾端，它的锋利程度同最好的钢针一般，在钩的下面有一个小槽，双刃弯刀就在槽内两边。

我一看到这硬钩就十分害怕，因为它是精密的穿刺切割工具。我被它用那硬钩伤过很多次，每当我捕捉这个小家伙时，我的手都无法腾出来，都必须在别人的帮助下我才摆脱这个牢固的枷锁。你要是硬把它弄开，事先不设法把硬钩从肉里弄出来，你的手就会出现被玫瑰花刺到后一样的条状的伤疤。这世界上估计最难对付的昆虫也就是它了。这家伙手段颇多，有抓、刺你的尖钩，钳你的钳子，使你根本就没还手之力，除非用你的拇指结果它，结束战斗，可那样做你就无法获到活生生的螳螂了。

有意思的是螳螂在休息时，胸前放着折叠的前臂，一副祈祷的模样，似乎不会伤害任何人。但是，一旦猎物出现了，它就会立马结束它的祈祷，猛地伸出前臂上那三段长构件，末端伸向最远的地方，待牢牢抓到猎物后才收回来，并把猎物送到两把钢锯之间。老虎钳似的手臂夹紧猎物后，就大功告成了：蝗虫、蚱蜢或其他更厉害的昆虫，一旦被夹在那四排交错的尖齿之中，便小命呜呼了。不管它如何挣扎，螳螂那恐怖的凶器就是牢牢地咬着不松口。

倘若对螳螂的习性进行系统研究的话，那么一定要在家中饲养，因为在野外它可以来去自如的情况下，是研究不出结果来的。饲养并不是什么难事，因为只要给它好吃好喝，它并不在意被囚在钟形罩中。

我们每天为它更换精美的菜式，它便不太会因失去荆棘丛而感觉遗憾了。

为了关押我的囚徒，我准备了十来只宽大的金

昆虫记

属网罩，同饭桌上罩饭菜防苍蝇的网罩一样。每一个罩子下面都扣一个装满沙子的瓦罐。笼里放一束百里香、一块为它将来产卵用的平石头，这就是它的全部家当。于是我动物实验室的大桌子上便排列了一座座的小屋，那里大部分时间阳光充足。我把我的俘虏们关在笼子里，有的单独囚禁，有的集体关押。我是8月下旬在路边干草堆和荆棘丛里发现成年螳螂的。

大腹便便的雌性螳螂日渐增多。细脚伶仃的雄性伴侣却比较少见，我要花很大的力气才能为我的雌性俘虏找到配偶，因为囚笼中那些雄性小个子经常被悲惨地吃掉。这些惨事我就暂且不提了，先来说说这些雌性螳螂吧。

雌性螳螂的胃口是非常好的，喂养了长达数月的时间，其间要提供足够的食物，这件事并不是那么容易办到的。差不多天天都要替换它们的食物，而且食物中的大部分，它们都是稍微尝几口就弃之如敝屣。我敢断定，螳螂在它们的出生地荆棘丛中，会更注意节约些。因为没有足够的猎物，它们会把辛辛苦苦捕来的猎物吃得干干净净。而在我的笼子里它们就铺张浪费起来，常常是咬上几口便把鲜美的食物撇下不管了。它们可能在以这种方式排遣囚禁之苦吧。

为了解决这种奢侈浪费，我必须寻求援助了。附近两三个无所事事的小家伙在我的面包片和甜瓜块的引诱下，每天早晚跑到附近的草丛中去摆放用芦苇编成的装着活蹦乱跳的蝗虫、蚱蜢的小笼子。

我当然也没闲着，手拿网子，每天在围墙周围转悠，盼着能为我的住客们找到点新鲜猎物。

这些美食是我想用来了解螳螂的胆量和力气究竟有多大的。在这些美味之中，大灰蝗虫的个头儿要比吃它的螳螂大得多；白额螽斯也被称为蝈蝈，

嵌记妙语

法布尔很难找到雌性螳螂的伴侣，是因为在雌雄螳螂交配完毕后，雌性螳螂为了填充自己的肚子同时也为了自己的后代着想会把雄性螳螂吃掉。这种情况总让人觉得于心不忍，感叹雌性螳螂的残忍。

同步思考

蝈蝈的名字都有哪些？

是鸣虫中体型较大的一种,体长在四十毫米左右,身体草绿色,覆翅膜质,也有短翅或无翅种类。雄虫前翅长有发音器,前足胫节基部有一对听器。后足腿节十分发达,足跗节有四节。尾须短小,产卵器刀状或剑状。白额螽斯的大颚更有力,我们的指头都怕被它咬伤;蚱蜢相貌奇特,扣着金字塔形的帽子;葡萄树距螽斯的音钹声嘎嘎响,圆乎乎的肚腹上还长有一把大刀。

除了这些难以下口的野味外,还有两种可怕的猎物:一个是圆网蛛,肚子似圆盘,带有彩花边饰,大小跟一枚二十苏的硬币差不多;另一个是冠冕蛛,样子凶恶,鼓腹腆肚,令人望而生畏。

当我看到笼子里的螳螂一见到面前的各种猎物便迅猛地冲上前去的劲头儿,我便毫不怀疑它们在野外遇见相近的对手时也会这样勇猛无惧。就像在我的金属网罩中它尽享我无私奉上的美食一样,在荆棘丛中,它一定也毫不留情地享受送上门来的美味佳肴。对大猎物的捕食充满危险,它绝非心血来潮,这该是它习以为常的事。

不过,这种捕猎的机会并不多,这或许是螳螂的一大遗憾。

种类繁多的蝗虫,以及蝴蝶、蜻蜓、大苍蝇、蜜蜂等其他一些不太出名的昆虫,都是它平时能够捕捉来的猎物。反正,在我这儿的笼子里,无所畏惧的女猎手从没有退缩过,不论遇到什么猎物。

不管是灰蝗虫还是螽斯,也不论是冠冕蛛还是圆网蛛,都最终逃离不了它的魔掌,都是在它的锯齿里面不能动弹,随后便被它津津有味地吃掉了。这种情形是值得描述一番的。一看见罩壁上傻乎乎靠近的大蝗虫,螳螂痉挛似的一颤,忽然露出凶猛的模样,就算被电击也不会有这么快的反应。那转变如此突然,样子如此慑人,以至于会让一个没有

词语解释

苏:法国原辅币名,一法郎等于二十苏。

经验的观察者马上迟疑起来,把手缩回来,害怕发生意外。就算像我这样对这种情形司空见惯的人,倘若心不在焉的话,遇到这种情况也不免胆战心惊。这就像从一个盒子里突然跳出妖魔鬼怪一样吓人。螳螂的鞘翅随即张开,斜拖在两侧;双翼完全展开,仿佛立着的两张平行的帆,宛若脊背上竖起宽大的鸡冠;腹端蜷成曲棍状,先翘起来,接着放下,再突然一抖,放松下来,随即发出"噗、噗"的声音,仿佛火鸡展屏时发出的声音一样,又像是突然受惊的游蛇吐芯子时的声响。

四条后腿支撑着傲岸的身子,上身差不多是垂直状。先前收缩相互贴在胸前的劫持爪,此时已完全张开,呈十字形挺出,露出装点着排排珍珠粒的腋窝,中间还露出一个白心黑圆点。这黑圆点与孔雀尾羽上的斑点十分相似,和象牙质的细小凸纹配合着,是它争斗时的一大法宝,平时是谨慎小心地隐藏着的,为的是在战斗时表现得凶狠残暴、气势吓人,它才会将这个法宝展现出来的。

螳螂用这种独特的姿势安静地等着,眼睛一丝不苟地盯住大蝗虫,它随着对方脑袋位置的变化而不断地转变方向。这样做的目的十分明显:螳螂是想威慑、吓走强大的猎物,如果没能如愿,后果将无法想象。

最终它成功了没?谁也猜不透螽斯那鲜亮的脑瓜里或蝗虫长长的脸背后到底在思索些什么东西。我们始终没有发现一丁点害怕的表情从它们的脸上闪过,但可以肯定的是它们已经知道了危险的存在。一个挺立着高举双钩随时准备扑过来的怪兽在威胁着它,它看见了,也感觉到了,也有机会逃跑,但是它并没有逃走。它长袖善舞地蹦跳着,能够轻易地跳离对方的利爪范围之外,所以它对自己的安全毫不担心,有时甚至慢慢地向对方靠近。

词语解释

鞘翅:甲虫的革质或骨化前翅,静止时覆盖后翅,常在背中相遇成一直线。
威慑:以声势或威力使之恐惧屈服。

同步思考

白心黑圆点为什么会是它争斗时的法宝呢?这个圆点会有什么作用呢?

听说，蛇的目光很凶狠，能使小鸟无法动弹，蛇张开的大嘴巴很恐怖，能使小鸟瘫倒在地，从而只好任凭对方吞食。多数情况下，螳虫遇到的情形和这种情况基本一样。此刻它已经落进了对方控制的范围之内。螳螂猛压下它的两只大弯钩，一抬爪子，双锯合在一起，把螳虫夹得很紧。已经无路可逃的螳虫很可怜：它的后腿只能徒劳地不停地乱蹦乱踢，只怨它的大颚碰不到螳螂。一条小生命就这样完结了。螳螂将它的翅膀像战旗一样收起，恢复原始状态，开始享用美食。

螳螂在捕捉蚱蜢和巨螽斯的时候，由于它们没有大螳虫和螽斯这类的昆虫危险，所以魔鬼一样的它在架势上就没有那般咄咄逼人了，时间也不能持续太久。它只用将自己的大弯钩伸出便能解决问题。对付蜘蛛也是如此，一旦拦腰逮住蜘蛛，那么其毒钩便起不到作用了，同时也就不用操心了。在对付平常食物如那些不管是在野外还是笼中的不起眼的螳虫，螳螂的震慑法都很少使用，这是用来震慑那些其他势力范围的不知死活的家伙的。每当捕食对象打算进行反抗的时候，螳螂就会提高警惕，它会用震慑、惊吓的手段，将对方用利钩稳稳地钩住。其后，它就将吓得无力还手的被害者用狼钳子夹紧。它就是用这样凶悍的魔鬼般的姿态把自己的猎物吓软了。在这接近魔鬼的姿态中，双翅起到了十分重要的作用。螳螂的翅膀外边缘是绿色，其他地方是半透明的，而且很宽广。垂直方向有许多呈现扇面状辐射开来的经翅脉。还有一些呈九十度地与纵向相切的更细小、横向的翅膀，相互构成数不清的网眼。每当呈现魔鬼姿态时，翅膀就会分为平行的两个面，基本上能够相互触碰，就像是白天停在枝头休息的蝴蝶的翅膀一般。翅卷着的两翅之间的腹端突然强烈地抖动起来，发出一种像处于防御状态的

词语解释

咄咄逼人：咄咄，使人惊奇的声音。形容气势汹汹，盛气凌人，使人难堪。也指形势发展迅速，给人压力。

经翅脉：昆虫翅膀上的纵行的脉络。

游蛇吐芯子所发出的一样的喘息声，如果你想再现这声音只要你将指尖快速地擦过伸展好的翅膀正面即可。

饥饿的螳螂能瞬间吃掉整个和自己相同大小的或比自己还大的灰蝗虫，由于翅膀太硬不好消化，它会剩下猎物的翅膀。没到两个小时它就能吃完这些猎物，但是像这样狼吞虎咽的情况还是很少见的。我以前见过一两回，当时我就一直想不明白，这个<u>饕餮</u>者是如何找到足够存放如此多的食物的地方呢？容量小于容积的原理是如何倒过来替螳螂服务的呢？我对它具有高超特性的胃感到十分惊奇，竟然能够将食物马上消化、溶解，并能穿肠而过。在我的笼子里，那些大小不一、不同种类的蝗虫是螳螂的家常饭菜。每当看见夹住蝗虫的爪子，的确是一件开心的事情。即使那尖尖的小嘴并不是为了大吃大喝而生，但有一点我不得不承认：它确实吃完了猎物，并且剩下的只是翅膀，甚至连翅膀上的一丁点的肉都不放过。爪子与硬皮皆从肠中穿过。偶尔，它的嘴边是它抓到的一条肥大的大腿，它吃得津津有味，显得十分满足。同我们对好肉的感觉一样，它认为的好肉是蝗虫的肥硕大腿。螳螂喜欢下口的地方是猎物的颈部。每当捕到猎物时，一爪拦腰，一爪摁头，使对方脖颈上方开裂。此时，螳螂便把尖嘴插进这丢失护甲的位置，当机立断地咬下去。猎物颈部裂开大口，头部淋巴被损坏，随之结束蹬踢挣扎，猎物便成了板上的鲜肉，随螳螂随意地宰割，想吃哪儿就吃哪儿。

词语解释

饕餮：传说中龙的第五子，是一种想象中的神秘怪兽，非常贪吃。之后形容贪婪的人叫作"饕餮"。

灰蝗虫

我刚刚发现了一件令人激动的事:有这样一个十分壮观的场景,一只蜕变的成虫从幼虫的壳中钻出。那是一只在整个蝗虫家族中号称巨人的灰蝗虫,在9月葡萄收获时,在葡萄树上就可以发现它。它有一指长的身体,比别的蝗虫更好观察。幼时胖而丑陋的它现在已初显成虫的样子,基本上呈嫩绿色,有的也呈青绿色、淡黄色、红褐色,有的甚至已和成虫一样是灰色了。它的前胸呈明显的线形,还带有小白点、多疣的圆齿;有着成年蝗虫粗壮有力的后腿,上面有红色的纹路,双面锯齿长在长长的腿上。等几天后鞘翅就可以超过肚腹许多,但如今仍然有两片不起眼的三角形的小羽翼,上部分挨着呈流线的前胸,下部分边缘朝上凸显,看似尖形披檐状。鞘翅牵强着能挡住赤裸着的蝗虫背部,就像西服的垂尾,因为料子不充裕只能将尺寸缩小粗糙制成。鞘翅掩护着的是两条小带子,很细小,那是和鞘翅相比更短小的翅膀的胚芽。虽然灵活而美丽的羽翼很快就能变成,但眼下还是两块为了节约布料而被剪得支离破碎的布头。这堆垃圾东西里会跑出来什么东西呢?是一双非常宽大而美丽的翅膀。

词语解释

疣:一种皮肤病,症状是皮肤上出现红褐色小疙瘩,不痛不痒,此处只是形容其样状。

首先我们认真地查看一下事情的经过。待幼虫感到它已长大，能够开始蜕变，就会用后爪和关节抓住网纱而收回前腿，交叉放在胸前以示准备，用来撑起背向下躺着的成虫转过身来。鞘翅的鞘——成直角伸展开其尖帆的三角形小翼，两条翅膀胚芽的细长小带子在伸展出的缝隙处中间竖起且微微分开。至此蜕皮的前期准备工作到此已经稳稳妥妥地做好了。

首先不得不使旧外壳断开。因为反复收放，所以在前胸前端下部位处生了推动力。在颈部前端，也许在要断开的外壳遮掩下的整个身子都在做着这样的收放运动。薄膜很薄的部分是关节，因此可以清晰地看到这些赤裸部位的收放运动，由于护甲挡住了前胸的中央部分，所以没法看见了。血液一进一缩地流淌在蝗虫的中间位置，像液压打桩机那样一上一下打击般涌上。血液的这种冲撞、击打，机体精力集中带来的这种喷射，使得外皮最后顺着因生命的准确预见而设计好的一条阻力最小的细线裂开。顺着所有前胸的流线体而张开的裂缝，好像从两个对称位置的焊接线断开来一样。之所以必须挑选从这个相对薄弱的中间部位开裂，是因为外套的其余部分都结合得很紧实而无法挣开。裂开的缝隙稍有一点向后延伸，下达羽翼的接连处，之后再转到头部，到达触须底部，从这儿区分为左右短叉。

自这个裂口显露出来的背部，稍带灰色，同时柔嫩苍白。背部慢慢地拱起，越来越高，最终全部拱出来了。外壳丝毫不损地留在了原地，但两只玻璃状的眼睛却什么也看不见了，看起来很怪异。触须的套子看不到一点皱纹，完全为自然状态，一点异常也没有。它立在这张显得半透明而又了无生气的脸上。

触须从紧致狭小的外壳中钻出来未遇上一点麻

嵌记妙语

灰蝗虫从幼虫变为成虫，体型差别很大，但它却丝毫没有破坏旧壳，整个过程十分巧妙和自然。这也是生物经过成千上万年演化与协调的结果。

烦，因此外壳没有转向、变形，以至于一点褶皱都没弄出来。触须的大小与外壳大小一样，同样是有节瘤的，但是它对外壳没有造成一点损坏，就轻松地从里面钻了出来，就如同一个十分光滑的物体从一个毫无障碍的管子里滑出来一般。更使人感到震惊的是伸出后腿也是那样简单轻松。此时该前腿和关节部位脱离臂铠和护手甲了，仍然无一点撕裂、褶皱或自然位置的变化。此时蝗虫只是用很长的后脚爪子抓住网罩。它大头向下立悬着，我触碰了一下纱网，它就像摆钟似的晃动起来。它用来支撑的就是四个又细又小的弯钩。

假如这四个弯钩不小心撒开了，也就预示着蝗虫的生命完结了，毕竟此时在空中那庞大的翅膀是不能张开的。可是，它们会紧紧地抓着，因为在它们从外壳伸出来以前，其生命本就使它变得坚硬牢固，在以后的日子里它可以稳稳妥妥地承载着挣脱外壳的使命。

现在鞘翅和翅膀正在出来。那是四个窄小的破片，一些条纹隐约可见，形状如同被撕裂的小纸绳，最多也只有发育成熟时长度的四分之一。

它们还很柔弱，无法支撑起自身的重量，朝下耷拉在身子两侧。翅膀末端无所依傍，原本该冲着后部，但现在却倒挂在蝗虫的头部。现在看到蝗虫的飞行器官，宛若四片肉乎乎的小叶子被暴风雨摧残过后的破落不堪的悲惨样子。

为了让自己日渐完美，必须进行一项深入细致的工作。这项机体内的工作甚至已经在充分地进行着，也就是把黏液凝固，让不成形的结构定型，可是，从外面是丝毫发现不了里面在进行的这种神奇的实验。从外面看上去的蝗虫仿佛已经死去了，一点生气都没有。在这段时间里。粗大的后腿挣脱、呈现出来，向内的一侧呈浅粉红色，然而不久就变成了鲜艳的胭脂红。后腿出来很容易。把收缩的骨头一伸，道路便毫无阻碍了。

可是小腿却大不相同。当蝗虫长成成虫时，整条小腿上竖着两排坚硬锋利的小刺。另外，下部顶端有四个有力的弯钩。这把锯名副其实，它有着两排平行锯齿，非常强壮有力，如果不是小一点的话，那简直能跟采木工人的大锯相媲美。

幼虫的小腿结构相同，所以也是裹在有着相同装置的外套里。每个弯钩都嵌在一个同样的钩壳之中，每个锯齿都与另一个同样的锯齿相啮合，并且咬合得相当紧密，就算是用刷子在上面刷层清漆来代替这要蜕去的外壳，也比不上它们咬合得那样严密合缝。但是，胫骨的这把锯子从中蜕出来时，紧贴着外壳的任何地方都丝毫未损。倘若不是我一而再、再而三地认真观察，我也是很难相信的。留下来的小腿护甲毫发无损，完整无缺。不论末端的弯钩还是双排锯齿都没有弄坏一点柔软的外壳。那细嫩的外壳吹弹可破，而尖利的大耙在其间滑动却没有留下一点擦伤的痕迹。

这种情况我始终没有料到。我看到那披着刺棘的铠甲时，我就以为小腿上的外壳会像死皮似的自己一块块脱落，或者被擦碰掉下。但事情完全出乎我的意料！

弯钩和刺棘不费吹灰之力地从薄膜里出来了，而它们却是能让小腿形如一把可锯断软木头的锯子呀。脱下来的衣服靠着其爪状外皮，钩在网罩的圆顶上，没有丝毫的褶皱和裂缝，即使用放大镜也找不到任何硬擦伤。外壳蜕皮前后一模一样。那蜕下的护胫也同那条真腿一样，无丝毫的不同。

谁要是让我们把一把锯子从紧贴着它的很薄的薄膜套里抽出来而又不让薄膜套有所损伤，我们必然会<u>一笑置之</u>，觉得这是痴心妄想。但生命却嘲弄

词语解释

一笑置之：笑一笑，就把它放在一边了。表示不当回事。

嵌记妙语

带锯齿的腿在蜕出旧壳之前是柔软的,所以丝毫不会损坏外壳,而一旦蜕出便会坚硬起来,让人误以为蜕出之前也如此之硬,所以会十分惊奇。

了这类一笑置之,生命在必要时有办法实现看起来荒诞的事情,蝗虫的爪子便向我们说明了此点。<u>胫骨锯既然刚出套就是那样的坚硬,那么要是不弄破紧紧裹着的套子,它就根本没办法出来。但困难被它绕开来了,</u>因为胫甲是它唯一的悬挂带,必须保证它的完好无损,否则无法给它提供稳固的支撑直至其完全摆脱出来。

正在努力挣脱的腿还不能行走,它还没有达到随后不久的那种坚硬度。它很软,非常容易被弯曲。我对它的蜕皮部分做了实验,我把网罩倾斜,便会看到已经蜕皮部分因受重力影响,随我的意愿在弯曲。呈细小的带状弹性胶质也失去了弹性。不过,用不了几分钟它就会坚硬起来,达到它所必需的硬度。再往前找,在我所看不见的被外套遮住的部分里,小腿肯定要软,处于一种非常有弹性的状态,或者可以说是流体状的,致使它几乎能像液体似的从通道中流出来。

小腿这时候已有锯齿,但不像它出来以后那么锋利。确实,我能够用小刀尖为小腿部分剔去外壳,并拔除被模子紧裹着的小刺。这些小刺是锯齿的胚芽,是柔嫩的肉芽,微受外力就会弯曲,外力一除又立刻恢复原状。

这些小刺全部向后仰倒方便蜕出,而随着小腿向外伸出,它们也在逐渐地竖起、变硬。我不是单纯地观察把护腿套蜕去,露出在盔甲中已成形的胫骨,而是进一步观察一种令我惊讶不已的迅速的诞生过程。

螯虾的钳子在蜕皮时从坚若石头的旧套中把两只手指的嫩肉挣脱出来时,情况几乎也是如此,但细腻精准的程度却比蝗虫差远了。

现在,小腿终于解脱了。它们软软地折进大腿的股沟里,一动不动地成长起来。肚腹上的皮蜕了,它那件精巧漂亮的外衣有了皱纹，一直往上蜕到顶端，只是还需在这壳里卡一会儿，除了这里，蝗虫的整个身体已经都露在外面了。

它垂直地悬挂着，头朝下，由现已空了的小腿护甲的钩爪钩住。

由破烂衣衫固定着的蝗虫一动不动。它的肚子胀得宛若一只圆底锅，看上去又仿佛是被储存的机体液体撑起来一样，这些液体用不了多久就会被翅膀和鞘翅用上了。蝗虫在养精蓄锐，前后大概持续二十分钟。

接着，只见它脊椎一着力，由倒悬成正挂，用前跗节牢牢抓住挂在头上的旧壳。即使那些杂技演员，在用脚倒挂高空秋千，想要把身子正过来时，腰部也不会用这么大力气的。如此用力的一个翻转之后，其他就没什么难做的了。

蝗虫依靠自己抓住支撑物后，稍微往上爬，便碰到了罩子的网纱，这网纱恍若在野地里蜕变时所依托的灌木丛。它用四只前爪把自己固定在网纱上，这样肚腹末端就完全解脱了，然后又用力最后一挣，旧壳便掉了下去。

我对这蜕去的旧壳是非常感兴趣的，它使我想起了蝉衣在凛冽的寒风中怎样坚强地牢牢地挂在小树枝上而不掉下去。蝗虫的蜕变方式与蝉差不多完全相同，可蝗虫的悬挂点怎会如此不牢靠呢？

挺身动作一做完它便全身摇动起来，只要稍微一动便脱落下来。足见这时的平衡很不稳定，这就再一次说明蝗虫从外套中出来是何等精确无误啊！

由于我没有找到更好的术语，因此只好用"挺身"这个词了，但事实上这不是完完全全贴合的。"挺身"意味着猛烈，但是这个动作中没有猛烈，由于平衡不稳定，只要稍微用点力，蝗虫便会摔下来，

> **词语解释**
>
> 养精蓄锐：养，保养；精，精神；蓄，积蓄；锐，锐气。保养精神，蓄集力量。
> 前跗节：胸足最末端的构造。

一命呜呼干死在那儿，或者至少它的飞行器官因无法展开而将成为一堆破烂。蝗虫并非一根筋地硬闯出来，而是小心谨慎地从外套中滑动出来，似乎有一根柔细的弹簧轻轻地把它弹出来。

现在我们再来看看那些蜕去外壳之后外表上未见任何变化的鞘翅和翅膀吧。它们依然残缺不全，几乎像上面有细竖条纹的小绳头。它们要等到幼虫完全蜕皮并恢复正常状况之后才会展开。我们刚才看到蝗虫翻转身子，头朝上了。这种翻身动作完全可以使鞘翅和翅膀恢复到正常位置。原先它们非常柔软地因自身重量而弯曲地垂着，自由的一端朝着倒置的头部。此刻，它们仍然因自己的重量而被修正着姿势，处于正常方向。已不再有弯曲的花瓣，颠倒的位置也调整了过来，可是这并没有改变它们不起眼的外表。翅膀完全张开时呈扇形，一束轮辐状的粗壮翅脉横贯翅膀，成为收缩自如的翅膀构架。翅脉间，有无数横向排列的小支架层层叠起，使整个翅膀形成一个带矩形网眼的网络。鞘翅短小粗糙，也是这种网络结构，但网眼是方块形的。

鞘翅和翅膀状若小绳头时，都看不出这种带网眼的结构来。上面仅仅是几条皱纹，几条弯曲的小沟，说明这些残废肢体是由精巧折叠使体积达到最小的织物构成的东西。

翅膀的展开是从肩部旁边开始的。起初并不见那里有什么变化，但很快便出现一块半透明的纹区，有着清楚而漂亮的网络。

逐渐地，这块纹区用一种连放大镜都无法观测到的缓慢速度在一点点扩展，以至于末端那不成形状的胖东西在相应地缩小。在逐渐扩展和已经扩展的这两部分的连接处，我怎么也没能看出个头绪来，就好像我看不出来一滴水中有什么东西一样。但是，<u>少安毋躁</u>，用不了多久那方块网络组织就会很清晰

词语解释

少安毋躁：少，稍微，暂时；安，徐缓，不急；毋，不要；躁，急躁。暂且安心等一会儿，不要急躁。

地凸显出来了。倘若我们根据初步观察来做出判断的话，我们一定会觉得是一种能够组成实体的液体突然凝结成了带有肋条的网络。我们还会以为眼前的是一种晶体，因其突如其来，颇像显微镜载玻片上的溶化盐似的。而事实却不是这样：生命在其创作中是不会出现这种突如其来的状况的。

我将一个已经发育了一半的翅膀折断，在大倍数的显微镜下对它做仔细的观察。这一次我非常满意。在逐渐结网的两部分的交接处，这个网络实际上已预先存在着。我能清楚地辨别出其中的已经粗壮的竖翅脉；我甚至还能看见其中横向排着的支架，即使它们依旧苍白又不凸显。我成功地把末端的几块碎片展开来，如愿地发现了我想要找的一切。

同步思考
这次试验法布尔发现了什么让他感到非常满意？

这已经证实了，翅膀此刻并不是织布机上由电动梭子生产出来的一块布料，而是一块已经完全织成了的成品布料。它只是缺乏柔韧性和伸展性，无须费多大事了，只要像拿熨斗来熨烫衣服时那样稍微一熨就平展了。三小时过后，鞘翅和翅膀便全部展开了。它们竖立在蝗虫背上，呈一张大帆状，一会儿是嫩绿，一会儿又成无色了，就如同蝉翼开始时的情形。想到此前它们像个不起眼的小包袱，现在却展开得这么宽大，真令人拍案叫绝。小包袱里怎能装下这么多东西！

小说中曾讲过一粒大麻籽里装着一位公主的整套衣服，而我们这儿所见的是另一粒更加惊人的籽儿。小说里的那粒大麻籽儿为了发芽不停地增长、繁殖，用了很多年才长出办嫁妆所需要的那么多的大麻来，而蝗虫的这粒"籽儿"，只用了非常短的时间就长出一对漂亮的大翅膀。

这竖着四块平板的美妙的大翅膀在慢慢地坚硬起来，另外还增添了色彩。到了第二天，那颜色就已经定型了。翅膀第一次折合成一把扇子，贴在自己应在的位置，鞘翅则把外边缘弯成一道钩贴在身体一侧，于是蜕变完成了。大灰蝗虫只剩下使自己在灿烂的阳光下变得更加茁壮，把自己的外套制成灰色的过程了。且让它先享受着自己的快乐，我们回头再来看它。

先前提到过的，紧身甲顺着底部中线裂开后不久便从外套中出来了四个残缺不全的东西，包括有翅脉网络的鞘翅和翅膀，这网即使谈不上完美无缺，但至少从整体看来很多细部已经基本定型。为打开这寒碜的包袱，让它变成美丽的翅膀，只要使有着压力泵作用的机体把为此刻而储存的液汁注入已经准备好的那里就行了，而此刻是最艰苦的时刻。通过这个事先备好的管道，翅膀便被一股细流撑开了。

但是，仍旧包裹在外套里的这四片薄纱到底情况如何呢？幼虫翅膀的镶刀、三角翼端是不是一些模具，按照它们那弯曲折叠的皱襞模样，把包裹着的东西加工定型，从而组织出来的鞘翅和翅膀的网络呢？

如果我们看到的不是个真正的模具，我们就可以稍微休息一下了。我们会想：用模具铸出来的东西跟凹模一样是很简单的。但是，我们脑子的歇息只是表面的，因为我们一定会想，模具那么复杂的结构也得有它的出处呀！我们也不必穷追不舍。对我们来说，这一切可能都是混沌不清的。我们只涉及我们所观察到的情况就可以了。

我在放大镜下仔细观察已成熟的要蜕变的幼虫的一个翼端。我看到上面有一束呈扇形辐射开来的粗壮翅脉。其中还夹着其他一些细小而且苍白的翅脉。最末端，还有很多极短的横线，更加微小，弯成了人字形状，将这个组织补全了。

鞘翅的粗略雏形已算基本形成。它与成熟的鞘翅几乎有天壤之别！与似建筑物梁木的翅脉的辐射

词语解释

寒碜：难看；不体面；丢脸。又指讥笑 揭人短处，使之丢脸。

状布局完全不同，由横翅脉构成的网络丝毫不像未来的复杂结构。成熟的鞘翅是在粗糙基础上日臻完善的复杂构造。翅膀的翼及其结果，即最终的翅膀的情况也与此相同。

当准备状态和最终状态都展现在眼前时，一切就都一目了然了：幼虫的小翼并不是按其模样加工材料并按照其凹模来制作鞘翅的简单模具。我们所盼望的包裹状薄膜并没有在这个雏形里面出现，包裹翻开后，组织的庞大和复杂的结构让我目瞪口呆。或者更准确地说，这个雏形中一直潜在着这个像包裹一样的薄膜。真正变成实物之前，它不过是保持能够变为实物的虚拟体态。它就好像橡栗之中的橡树一样在雏形之中。不能固定着的边缘为一圈半透明的小肉球所包围的是翅膀的镘刀和鞘翅的翼端。其中有几个未来锯齿的雏形在高倍放大镜下放大之后能模糊地看见。这里十分有可能是生命让物质运动的场所。没有丝毫迹象可以让人感受到那个奇特网络的存在，我们所感受到的这个网络的任意一个网眼，都同样会有自己确切的形状和其相当精准准确的部位。所以，能让这种可以集中起来的材料拥有薄纱状，且能够让脉序组成一个无法走出的迷宫，必然有比模具更精确更高端的构造，肯定有一张准确的图状平面，拥有一个让所有原子进入预定地方的完美的施工讲解书。在使用材料的前期，外表形状准确地被描绘出来，让塑状液体流淌的管道早已铺就完成了。建造物的沙石都是按照建筑师设计好的操作说明书整齐地放好了。首先它们依照想好的安排布置，接下来就开始一五一十地堆砌。和这相同，蝗虫羽翼从一个看起来不怎么耀眼的外壳中脱颖而出变成漂亮的花边薄翼，使我们懂得了有另外一名建筑师，它勾勒了一连串平面图，生命便按照它的想法去创造。

> **嵌记妙语**
>
> 这个类比用得非常好，很多生物都具有这个特点，这是藏在遗传基因中的奥秘。

嵌记妙语

法布尔的过人之处便在于此，用超于常人的细心和耐心才能发现这个微小而奇特的世界中生命蜕变的美妙场景。

词语解释

普林尼：盖乌斯·普林尼·塞孔都斯，也叫老普林尼，古罗马百科全书的作家，以他所著《博物志》一书著称。

生物有各种各样的诞生方式，值得肯定的是还有比蝗虫更让人震惊的方式，但是，那些都是在时间这张庞大的帷幕笼罩下悄无声息地开展着。假设我们没有坚持到底的干劲，我们就不会看到那奇特却缓慢的过程中最让人心动的场景。再加上蝗虫的蜕变过程快得出奇，因此更要全神贯注，哪怕是在犹豫的时候也不应该有一丝松懈。

谁要是不想毫无生趣地等候着观看生命是如何无法想象地灵活巧妙地工作的话，那观察葡萄树上的大蝗虫就是你最好的选择。种子出芽了，叶子展开了，花朵开放也都那么缓慢，这样漫长的过程不能即刻满足我们的好奇心，但葡萄树上的大蝗虫却能够很好地帮助我们，它们使我们内心得到极大的满足。虽然小草如何缓慢地生长我们看不见，但是蝗虫的鞘翅和翅膀蜕变的过程我们却能清晰地看见。

看到这个大麻籽儿在数个小时就变成一张漂亮的大帆，真让人惊叹不已。编织蝗虫翅膀的生命啊！你真是个能工巧匠啊！但在种类繁多的昆虫世界中，蝗虫只是其中微不足道的一种罢了。老博物学家普林尼在谈到它时曾这样说道："葡萄树上的蝗虫在这个刚向我们指明的人迹罕至的角落里，证明了它是那样强大、聪慧、完整和美丽！"

据一位博学的研究者说，他觉得生命其实也就是物理力和化学力的一种碰撞罢了，他用尽脑汁，期盼有一天可以用人工的方式获得可以组织的物体，即专业术语里的"原生质"。如果我有这种本领，我必定急于使这位斗志昂扬的人的愿望得以满足。

好，就像这样，你准备好了各种各样的原生质。在深入考虑、精心研究、耐心仔细、谨慎小心以后，你的愿望实现了；你从你的实验仪器中提取到的容易腐坏、几天后就会发臭的蛋白质黏液，简而概之，就是一种肮脏的东西。你将怎样处置你的产品？你能将它组织在一起吗？你能给它富有生命的建筑框架吗？你能用注射器一样的东西注入两片不能搏动的薄片到它的中间去，以获得哪怕是飞行的小虫般的翅膀吗？蝗虫基本就是按这种方法来做的。它把它的原生质注进小翅膀的两个胚层之中，材料就在那儿变为了鞘翅，那是因为它在那儿有我们前头所谈到的原型做指导。它在它行程的迷宫中按照存在于它之前并且早就做好的施工演示书进行施工。这类形状经过调整的类似演示书的原型在你的注射器里是否有呢？之前是不是有这样的调节物存在呢？没有！因此说你就丢弃你的产品吧。生命绝对不能从这样的化学垃圾里迸发出来。

绿蚱蜢

每到 7 月中旬，最热的三伏天刚刚开始，但这只是气象学的说法，早在这个日期到来之前，最热的天气就已经来了，最近这段日子，真可以说是烈日似火。

今晚，国庆晚会正在村子里进行着。村里的姑娘小伙子们高兴地围着一堆篝火跳着舞，我模糊地看到火光洒到了教堂的钟楼上，"嘭啪嘭啪"的鼓声随着"钻天猴"烟花"唰唰"作响，我一个人夜晚 9 点左右在那飕飕凉风中躲在一个无人的地方，认真听取田野间那愉悦的、庆祝丰收的音乐会，比村中广场上正在燃放的烟花、篝火、纸糊的纸灯笼，特别是由烈性烧酒组成的节日舞会更加庄严美丽，它虽朴实却美丽，虽平静却又有威力。夜已经很晚，蝉也停止了歌唱。它们在白天饱受烈日的烤晒，无止境地用尽力气去唱歌，所以到夜色降下来的时候就更加需要休息了，但这时，它们却往往被打扰得无法安然入睡。在梧桐树那又深又密的枝杈间，会突然地传来一声像哀叫一样的闷闷的响声，不但短促而且凄惨。这就是蝉被绿蚱蜢瞬间袭击而发出的绝望的哀鸣。绿蚱蜢也算是夜晚凶悍残暴的猎手，它向蝉扑去并拦腰将它搂住，将它开膛破肚，挖心掏肺。曼舞欢歌的背后，竟然是杀戮。在我的居所周边，绿蚱蜢好像并不多见。去年，我曾经打算要仔细地研究一下这类昆虫，但是从未找到它。因此我请求一位守林人帮忙，他最终帮我从拉加尔德高原找到了两对绿蚱蜢。那块是酷寒之地，山毛榉大概正向旺杜峰上长去。好的运气常常要先捉弄一番，才会对顽强不屈的人微笑。在以往找了很久都没发现的绿蚱蜢，这年夏天就随处见到了。我都没必要离开这个狭小的园子就能抓到它们，并且想抓多少就抓多少。每个夜晚我都能够听到它们在茂盛的丛林中唱歌。我必须掌握好这个时机，它一旦失去就不会再来。6月开始，我就把我抓到的足够用于研究的那一对对绿蚱蜢丢进了一只有着金属网的钟状的罩子下，罩子下面有瓦罐，一层沙子铺在里面做底。这俊美的昆虫实在是太令人惊奇了，全身浅绿色，两条浅白色的带子在身体两侧。它高雅的体态轻盈健壮，两只大翅膀和罗纱一样。我为能抓到这样的俘虏而扬扬得意。它们会使我明白些什么呢？边走边说吧。此时要先把它们喂饱养好。我用莴苣的叶子去喂养这些牢囚。它们还真在啃嚼，但是吃得少，完全爱理不理的架势。因此我很快懂得我喂养的是一群不愿食素的不知足的昆虫。它们依旧需要其他的，看上去是要捕捉活食了。但到底哪种活食让它心牵不舍呢？一次意外的机会让我知道了这一秘密。

　　天亮的时候，我在门前溜达，突然发觉旁边一个梧桐树上落下点什么东西，还在嘎嘎地叫。我很快地跑了上去，是一只蚱蜢在掏被其捉住的一只蝉的肚腹。蝉在徒劳地大声叫着、挣脱着，但还是被蚱蜢一直咬着不放，内脏也正遭到蚱蜢的撕拽。我突然知道了：蚱蜢是早晨在树上高的地方趁蝉休息

> **词语解释**
> 拉加尔德：法国的一座城市，过去是发达的乡村，今日则是土伦的郊外都市。

同步思考

为什么相比之下凶禽会略逊一筹呢?

时进行袭击的,蝉因受突然袭击而大惊失色,接着袭击者和被袭者就扭在一起掉落下去。从那以后,我多次看到过类似的宰杀场景。我见过胆识过人的蚱蜢跳起追捕狼狈乱钻的蝉,似乎在高空中追寻麻雀的雄鹰。和这胆大过人的蚱蜢相比,凶禽也要略逊一筹了。苍鹰是专门袭击比自己小的动物,可蝗虫类则正好相反,它们爱好袭击远比自己高大威武凶猛的对手,而这种身高差距颇大的血拼的结果常常是小个头儿得到胜利。蚱蜢具有超强的下颚和锋利的爪,极少有对手可以逃出被开膛的命运,因为后者没有武器,所以常常只有哀叫和挣脱的份了。

最重要的是要将猎物握住,这对它们来说很容易,在晚上猎物打盹儿的时候动手就行了。只要是被夜行的粗暴的蚱蜢撞见的蝉都会死得很难看。这就可以说明为何夜深人静,蝉停止叫声的时候,却会突然听到树冠里传出吱吱的惨叫声。那就是身穿浅绿色衣裳的强盗方才抓住一只陷入睡梦里的蝉。

我找到了我的食客们所需的食物了。于是我便用蝉来喂养它们。它们非常喜欢我为它们准备的美味珍馐,因此两三周过后,我那个笼子里就满眼狼藉了,蝉的脑袋、空的胸壳、断的翅膀、断肢残爪随处可见。只有肚子几乎整个儿地不见了。肚腹是块好肉。虽然营养成分不高,但看来味道相当不错。

确实,蝉腹中的嗉囊里储存着糖浆,那是蝉用自己的小钻从嫩树皮里汲出来的甘美汁液。是否就是这种蜜饯的缘故,蝉的肚腹才成为猎人的首选?可能性很大。

嵌记妙语

法布尔通过绿蚱蜢只喜欢吃蝉的腹肚推测出它喜欢吃甜的食物,并用甜的水果证实了这个想法。

为了让食谱多样化,我还专门挑选一些水果喂给它们吃,例如梨片、葡萄、甜瓜片等。它们非常喜欢吃这些水果,绿蚱蜢就如同英国人:非常钟情于浇着果酱的牛排。这或许便是它为何一旦抓了蝉,便往往会将蝉开膛破肚的原因,因为它肚子里满是裹着果酱的鲜美肉食。

并非在所有地方都能吃到这种美味的甜蝉。北面的世界里，绿蚱蜢随处可见，可它们想要找到在我们这里所喜爱的这种美味，却几乎不可能。它们可能还有其他的吃食。

为了能够弄明白这个问题，我喂它们吃细毛鳃角金龟，这是与春季鳃角金龟一样的夏季鳃角金龟。这种鞘翅昆虫到了笼里，绿蚱蜢们便毫不犹豫地扑了上去，吃得仅剩下鞘翅、脑袋以及爪子。我又放进肥美的松树鳃角金龟，结果也一样，第二天我便发现它早已被那帮凶神恶煞之徒给开膛破肚了。

这便证明蚱蜢是个嗜肉主义者，尤其钟爱吃没有太硬的甲胄保护的那些昆虫，不过又和螳螂一样只吃自己捕获的猎物。这个蝉的刽子手还了解用素食来调剂肉食的高热量。它吃完肉喝光血后，还会加点水果来调节一下，若是没有能够享用的水果，拿些草来吃也是可以的。不过，同类相残仍然存在。只是我还从未看到我笼中的飞蝗有螳螂那样的野蛮行径，后者时常拿自己的情敌开刀，吞咬自己的情侣。只是，倘若笼里有哪个弱小的飞蝗倒下了，其他幸存者便会将它当一般猎物看待，毫不犹豫地扑上去，它们并不是因食物匮乏而拿同伴充饥。无论怎样说，凡是身有佩刀的昆虫均不同程度上有掠吃伤残同伴的癖好。

除了这些，我笼子里的飞蝗们倒还相安无事地生活着。它们之间从不穷打恶斗，最多为食物争斗上一番。我刚投进一片梨，一只飞蝗便立即霸占了。由于害怕别人争抢，它便会踢腿蹬脚，以防别人靠近，自私自利显露无遗。只有在它吃饱了才会将位置让给别人，后者随即便霸道地占着这片业已残缺的梨片。笼中的食客就这么一个接一个地飞上去吃上一番。酒足饭饱之后，大家就用大颚尖挠挠脚掌，

词语解释

飞蝗：蚱蜢属于蝗虫科，故此处称其为飞蝗。

用爪子蘸点唾沫擦拭额头和眼睛，随后就会悠然自得地用爪子抓住网纱或躺在沙地上，故作沉思地消化。白天，多数时间它们都在酣睡，特别是炎热的季节，就更会这样。在日薄西山，夜幕降临之后，这群家伙便兴奋起来。9点钟上下，折腾最欢，上蹿下跳，毫不安宁。大家叫嚷着来来去去，于环形道上蹦蹦跳跳，即使是遇到好吃的也仅是胡乱咬上几口，依然不安静下来。雄性绿蚱蜢待在一边，使用触须挑逗路过的雌性。那些未来的妈妈们半抬着佩刀庄严地踱着步子。对于那些猴急的狂热雄性而言，交配可是眼前的大事。有经验者一看便了解它们想做什么。

　　这亦是我所观察的主要内容。我的愿望得到满足，但因为下面的好事拖得太晚，我未能看到最后的一幕。那最后的一幕通常要等到深夜或凌晨。我所看到的那一点点仅仅局限于没完没了的序幕那一段。热恋中的情侣面对面，几乎头碰头地使用各自的柔软触角相互触摸，相互试探。它们仿佛两个用花剑击来击去以示友好的对手。雄性时不时地鸣叫几声，使用琴弓拉上几下，此后便寂然无声，可能是过于激动而没有接着拉下去的缘故。11点了，求爱依旧没有结束。我实在是困乏得很了，颇为遗憾地留下了这对情侣回去休息。

　　次日清晨，雌性产卵管根部下方吊挂着一个奇特的东西，这就是装着精子的口袋，仿佛一只乳白色的小灯泡，有天平砝码差不多大小，隐约地分为数量不多的长圆形囊泡。在雌性绿蚱蜢走动时，那小灯泡挨着地，粘上些许沙粒。然后，它将这个受孕的小灯泡当作盛宴，慢慢地把其中的东西吸尽，然后咬住干薄皮囊，长时间地反复咀嚼，最后才全部吞咽下去。没有半天工夫，那乳白色的赘物就全消失了，就连渣渣沫沫都被它美滋滋地吃光了。

这种难以想象的盛宴仿佛是从外星球传入的，因为它与地球上的宴席习惯全然不同。蝗虫科昆虫确实是个奇特的世界，它们属于陆地动物中的最古老的动物物种之一，并且和蜈蚣以及头足纲昆虫一样，是古代习性沿用至今的一个显著代表。

大孔雀蝶

　　大孔雀蝶晚会是非常令人难忘的晚会。有谁不晓得这名满天下的美丽蝴蝶呢？它可是欧洲最大的蝴蝶，身着栗色天鹅绒外衣，系挂着白色皮毛领带。白色的之字形线条穿过满是灰白相间的斑点的翅膀，线条周边呈现烟灰白，翅膀中央有一个圆形斑点，仿佛一只黑色的大眼睛，瞳仁中闪烁的是黑、白、栗、鸡冠花红色的呈彩虹状变幻莫测的色调。它模糊泛黄的毛虫体色也一样讨人喜欢。青绿色的珍珠镶嵌在它那稀疏地环绕着一圈黑纤毛的体节末端。它那粗壮的褐色茧形状尤其奇特，口部仿佛渔民的捕鱼篓，通常紧贴于老巴旦杏树根部的树皮上。这种树的树叶便是此毛虫的美味佳肴。

　　5月6日的早晨，一只雌性大孔雀蝶终于在我面前的实验室桌子上破茧而出。它由于孵化时的潮湿而浑身湿漉漉的，我灵机一动马上用金属网罩将它罩了起来。由于当时我并没有抱着特地研究它的目的。我仅仅是凭着观察者的行为习惯，将它关了起来，密切注意将会出现的情况。

　　我运气还算好。在晚上9点左右家人都进入梦乡的时候，我隔壁房间响起一阵乱哄哄的响声。几乎没有穿衣服的小保尔像发疯似的来回走动，蹦跳跺脚将椅子打翻，"快来呀，"他大声叫唤着我，"赶紧来看这些蝴蝶呀，像鸟儿一样大！房间里都快飞满了！"

我急忙奔过去。看了一眼，无怪乎孩子会如此兴奋，如此乱喊乱叫。这是从没有见过的<u>不速之客</u>，是巨大蝴蝶的入侵。仅有四只已经被抓住，关在麻雀笼里，其余的全都在天花板上飞来飞去。

看到此情景，我马上想起了早晨被我关起来的那只雌性大孔雀蝶来。"快穿好你的衣服，孩子，"我对着儿子说，"将你的笼子放在那儿，跟我来。带你去看看稀罕玩意儿。"

我们往下走，来到住宅右翼我的实验室里。经过厨房时，保姆早已被眼前发生的事弄得惊慌失措。她正用她的围裙驱赶一些大蝴蝶，开始时她还以为它们是蝙蝠呢。这样看来，大孔雀蝶已经几乎占据了我的整间住宅。这肯定是那只被囚女俘招来的，它周围的那方天地会是什么样儿呀！还好，实验室的两扇窗户有一扇是敞开的，道路没有堵塞。

我们手里举着蜡烛，冲入房间。眼前的情景简直让我们终生难忘。一群大蝴蝶轻轻拍打着翅膀，在钟罩与天花板之间飞来飞去。它们向蜡烛扑过来，翅膀扇了一下，蜡烛熄灭了。它们又向我们肩头扑来，钩住了我们的衣服，轻轻地擦着我们的面孔。这屋子简直像极了巫师招魂的秘窟，成群的蝙蝠正在飞舞。可能是为了壮胆，小保尔紧抓住我的手，比平时用的力大得多。

<u>它们究竟有多少只呢？差不多有二十来只。要是加上厨房、孩子们的卧室以及其他房间的，总数会有四十来只。</u>我想说的是，这是一次无法忘却的盛大的孔雀蝶晚会。它们不知是从何处得知这一消

词语解释

不速之客：速，邀请。指没有邀请突然而来的客人。

同步思考

法布尔的家里为什么突然来了这么多大孔雀碟呢？它们怎么找到这儿的呢？

息的，自四面八方赶来。其实，那应该是四十来个情人，急着性子赶来向今晨在我实验室诞生的神秘女子致意的。

今天，我们就不要再多打扰这一大群追求者了。这些冒失的造访者被火焰烧着了一部分身体。明天我将会用一份事先拟定的实验问卷来进行这项研究。

现在，我们首先要来整理一下思路，来聊聊我这一个星期里所观察到的反复出现的情形。每次都发生于晚上8点到10点之间，蝴蝶一只接一只飞来。在乌云滚滚、一大片漆黑的暴风雨中，花园里、露天地、树丛中，早已伸手不见五指。

对这些到访者来说，除了漆黑的夜，它们无处可走。房屋掩映在高大梧桐树下，屋前和外厅一样是一条两边长着厚厚的丁香以及玫瑰树篱的甬道，还有丛丛松树以及杉柏抵挡着凛冽的西北风的侵袭。大门不远处也有一道小灌木丛形成的壁垒。大孔雀蝶若想赶到朝圣地就必须在漆黑的夜晚穿越这杂乱的树枝屏障，左右闪避，迂回前进。

类似这样的情况，连猫头鹰都无法离开它那油橄榄树的巢穴贸然闯进来。而带着多面的小光学眼睛的大孔雀蝶的技艺比大眼睛的猫头鹰更高一筹，毫无顾虑地奋力向前，安全通过。它来回曲折地飞翔着，方向把握得十分好，因此即使要翻越重重的阻碍，到达的时候依旧精神抖擞，大翅膀没有一丁点擦伤。深夜里的那点亮光对它来说足够了。哪怕大孔雀蝶有一些普通视网膜所没有的特殊的视觉，它还是无法看到这样远的东西。远离着的距离和中间的隐蔽物必定使这种视线不能发挥作用。换句话说，非得有迷惑性的光的折射——可这并不是这类情况——大孔雀蝶会直接扑向见到的东西，因为光线的指引是十分准确的。

不过大孔雀蝶时常也会犯错误，但并不是大方向的错误，只是诱惑它前去所发生事情的精确地点。方才我说过，这个时候孩子们的卧室才是去探问者真实的目的地——实验室的对面，当我们拿着蜡烛冲进去之前，那里已经被一群蝴蝶控制了。我猜应该是它们心急之下弄错了准确的地方，厨房也有这样一群满腹狐疑的蝴蝶，<u>因为一盏明灯在那里，对于夜晚活动的昆虫来讲这就是一种不能拒绝的引诱</u>，它们也许因为这样而迷失。我们仅考虑无光的地方吧，在这样的地方迷路者不计其数，在它们要去往的终点地的附近基本上到处可见。所以，当女囚身陷我的实验室时，蝴蝶们不一定是全部可以直接从靠谱的通道——敞开的窗户——飞进来的，那通道距离钟形罩下的女囚也不过三四米那么远。有很多是从下面飞过来的，它们在大厅的前面到处钻，最多飞到了楼梯的地方，但那可是尽头了，它上面的门锁着，不能进去。此类信息表明，前来求爱的大孔雀蝶们并不是和像一般光辐射指导它们所做的一样，直接向目标奔去。还有什么东西在较远的地方呼唤它们到准确的地点周边，接着让最后的发觉物位于寻找和纠结的迷糊情况之中。我们经过听、嗅两觉获取的资料基本上也是这样，当不得不精确地搞明白声和味的来源，听和嗅却是不恰当的。发情期的大孔雀蝶夜晚朝拜时到底是依照什么样的信息器官呢？人们猜测是它们的触角。雄性大孔雀蝶触角好像的确是用它们那宽大的羽状薄翼在探觉。这些漂亮的羽饰是一般的饰物呢，还是引导求爱者追求其味道的奇特装备呢？咱们不如尝试做一个具有说明性的实验。

发生入侵的第二天，在实验室里我找到了八位昨日夜袭的访客。它们在那关着的第二扇窗户的横

> **嵌记妙语**
>
> 某些夜行昆虫具有趋光性，这与其导航方式有关，它们通常以月亮为导航坐标，月亮属于遥远光源，月光近似为平行光，以斜交固定角度可以实现直线飞行，而灯光会让它们误认为是月亮，结果昆虫依然照斜交固定角度的方式飞行，最后就会以螺旋形渐近线的轨迹飞向灯火。（如果飞离灯火，不会被人观察到了。）

档上盘踞着，动也不动。别的大孔雀蝶在一场尽情飞舞之后，在夜间10点的时候从进来的那个地方，也就是白天和黑夜全部开着的那第一扇窗户中飞走了。这八只顽强不屈者就是我用来做实验所必要的。我用小剪刀将大孔雀蝶的触角从根的地方剪掉，但不触及它们身体的其他部位。它们对这种手术一点反应也没有。谁都没动，只不过轻轻扇动了一下翅膀。手术十分胜利，伤口好像不是很严重。被剪掉触角的大孔雀蝶根本没有疼得狂飞乱舞，这对我的实验计划是再好不过了。一天结束了，它们依旧静静地丝毫不动地在窗户的横档上待着。

还有其他几件剩下的事情要做，尤其是当被剪掉触角的大孔雀蝶在夜晚活动时，要给女囚找个其他的地方，不能让它在求爱者们的眼皮底下待着，以保证研究结果。于是，我帮钟形罩和女囚搬了家，把它安排在住宅其他的门廊下的地上，和我的实验室有五十米远左右。

夜色下沉，我最终查看了我那八只做过手术的大孔雀蝶。六只已经从开着的那扇窗户中飞走了，其余的两只摔在地板上，我将它们翻过来，仰面朝天，它们已毫无力气、奄奄一息，无法转动自己的身体了。但别怪罪我的手术不好，哪怕我不用剪刀剪掉它们的触角，它们也一样会变老衰亡的。

那六只大孔雀蝶精力旺盛地飞走了。它们还会飞回来找寻昨天诱惑它们的诱饵吗？它们触角没了，还可以找到如今已迁往其他地方、远离原来地方的那个钟形罩吗？

钟形罩在黑暗之中放着，基本上是在露天地里。我经常地提着一只提灯和一个网跑到那儿看看。我捉住了来访者，一一辨认、分类，并立刻放到被我关上门的相连的一间屋子里。这样能够确切地计算，避免同一只蝴蝶被计算好几回。此外，这暂时的囚室空荡敞亮，绝不可能伤害被捉到的蝴蝶，它们于囚室里会感觉到寂静、宽敞。在我今后的研究中，我也将采纳同样的安全举措。夜晚10点过半再没有造访者前来，实验完毕了。共捉到二十五只，这里面仅有一只是丢失触角的。昨天动过手术的那六只大孔雀蝶，体强身壮，才会飞离我的实验室，重归野外，其中仅有这样一只回来追寻那只钟形罩。假如不得不肯定或否定触角的引导作用，那我暂时还不敢相信这样不够准确的答案。让我们在更广的范围内再做一次实验吧。第二天早晨，我去观察前一天被抓到的俘虏们。我看见的情况并无法让我欢喜欣慰，有很多蝴蝶都掉在地上，基本上没生气了，发现仅有当我用手指夹住它们时，有几只好像还有生命的样子。这些动弹不得的囚徒还有什么用？我们还是尝试一下吧。可能到了寻欢求爱的时刻，它们又会恢复生气的。

　　新来的二十四只大孔雀蝶接受了截触手术。之前被剪掉触角的那一只被排除了，因为它基本上已经死去了。最终，在这一天其余的时间里，监狱的大门是开着的，谁想离开就离开，谁想去参加浩大的晚会就去参加。为了让飞走的接受试验，在门口它们必定会碰到的那只钟形罩被又一次移了地方，我把它搁放在一楼相对夫人那侧的一个来去自由的套房里。被剪去触角的这二十四只之中，仅有十六只飞去了外面。有八只已全身无力了，不一会儿就将死在这里了。那十六只飞走的里面，有几只夜晚能归来围着钟形罩飞舞呢？没有一只。第二个夜晚我仅擒住七只，全部是羽饰完好的新来者。这一结论好像表明剪掉触角是比较严重的事。但是，我们还是不要过早地下结论，还有一个十分严重的问题。

"看我这德行吧！我还敢在其他狗的面前出现吗？"方才让他人无情地割去两只耳朵的小狗莫弗拉说。我的蝴蝶们是不是也有小狗莫弗拉那样的担心呢？如果没了美好的装扮，它们就不敢出现在其情敌们面前向雌性表达爱意吗？它们这是在惶恐吗？是它们没了导向器的缘故吗？难道是由于它等那么久没结果所导致，它们的疯狂是暂时的？实验将阐释我们的疑惑。

第四天夜里，我抓住没有来过的十四只蝴蝶，并将它们一个接一个地关在一房间里，它们会在里边过夜。接下来的一天，我用它们昼间休息的习惯，在它们不动时拔掉少许它们前胸的毛。拔走这样一丁点毛对它们基本无伤害，因为这类丝质的下脚毛会很轻松地长出来，因此不会伤到它们要回到钟形罩之前所必要的器官的。对于被拔毛者来说这不算什么，但对我来讲，这会是我区别谁先到谁后到的关键标志。

竭尽全力、不能飞舞者这一次倒没出现。夜里，被我拔毛的那十四只飞回了郊外。情理之中，钟形罩再一次移动了地方。两个小时过去，我抓住二十只蝴蝶，这当中仅有两只拔过毛的。前天夜里被剪去触角的大孔雀蝶一只也没有出现。它们的婚期就这样完全地结束了。在有拔过毛标识的十四只中，仅有两只飞回来了。其余那十二只即使有所预测的导向器和触角羽饰，可为何没能归来呢？还有，为何在囚禁了一夜过后，会导致这样多的体力不支者呢？对这些我仅有一个解释：大孔雀蝶被剧烈交尾的想法快速地耗得筋疲力尽。

大孔雀蝶为了结婚这唯一的生存理想，而具有了一种独特的天赋。它可以借着这种才能飞过漫长的距离，穿越黑暗、冲破阻碍，发觉自己心中的那

昆虫记

个配偶。两三夜的日子里，它用触头去寻找、调情。如果没能达到，所有的都将完蛋：非常精准的罗盘不灵了，十分亮堂的灯灭了。那活着还有啥理想呢！所以它就在角落里蜷缩着，忧郁无欢，久睡不起。大孔雀蝶仅是为了世代相传才作为蝴蝶存在的。它一点都不知道进食是什么事情。假设说别的蝴蝶是开心的美食家，在花丛里载歌载舞，掀开其吻管的旋状器官，插进甜美的花冠的话，这样大孔雀蝶就是个<u>百折不挠</u>的禁食者，它一点都不受其胃的驱使，不用进食就可回归体力。它的口腔器官仅是徒具样式的装饰，并不是表里如一、可以运作的武器。它的胃里从来没进过一点食物，假如它生命不是这么短暂的话，这可是个很好的优点。如果想让灯火久明就不得不给它添油，大孔雀蝶则不打算添油，因此它不能活得长久。仅有两三个夜里，那恰是交欢配对所需要的最基本的时间，做好这些大孔雀蝶也就寿终正寝了。

　　那么丢失触角的大孔雀蝶一去不复回又是怎么回事呢？它是不是在证实丢失了触角，它们就不能再找回那只女囚呢？绝对不是这样的。就像被拔掉毛全身损坏但却丝毫无碍的昆虫一样，它们也是在宣布自己的生命已经完结了。不论它们支离破碎或是体态健全，如今都因年纪大起不到作用了，它们存不存在一点意义也没有了。因为实验所必要的时间不富余，我们没法懂得触角的作用。这样的作用之前让人不易理解，未来依然是一个疑问。

　　我关在钟形罩下的那只雌性大孔雀蝶活了八天。它依照我的意思，每晚在不一样的角落里居住，为我招来个数不一的一群来访者。我拿着网到处抓捕，接着立刻把它们关在封闭的房间，让它们过夜。第二天，它们最少需被我在胸部拔去些毛，作为记号。这八天里来访者的个数达到一百五十

词语解释

百折不挠：折，挫折；挠，弯曲。比喻意志坚强，无论受到多少次挫折，毫不动摇退缩。

只，想到此后两年为了取得继续这项研究所用的资料，我要竭尽全力地去找寻活物的话，这个数量可真让人目瞪口呆了。大孔雀蝶的茧在我家周围可以说找不到，可至少是非常少见，因为它毛虫的休息地老巴旦杏树不是很多。那两年的冬季，我逐一对这些衰老的树进行了检查，翻开查看它们那藏在一堆乱七八糟的木本植物中的树根，可我数次都无收获地归来！所以，我的那一百五十只大孔雀蝶是从很远，再远处，大概是从周围两公里之外或还要远的地方飞来的。它们是怎样知道我实验室里的状况而逐个前来的呢？

有三个因子是易感性的决定条件：光线、声音以及气味。大孔雀蝶从开着的窗户飞过来以后，视觉在引导着它，可不仅仅这样。在进去以前，在外面那不知的境况中肯定不是如此！说大孔雀蝶富有<u>猞猁</u>那样钻墙看物的视觉是能够解释问题的，还不得不说明为何它会有这样敏感锐利的视觉，可以神奇地看到几公里以外的物体。这个问题过于宽广深奥，我们不要去议论了。

声音一样和这个没关系。很胖的雌性大孔雀蝶即使可以从远远的地方吸引来情人，可它却也是默默无语的，连最机灵的耳朵也不能听见它的声音。说它芳心萌动、热情洋溢，大概能用多倍显微镜察觉得到，严肃地说，这不是不可能的。可是，咱们不能忘了，来这的大孔雀蝶是在远远的距离以外取得信息的。在这样的状况下，我们就将声学因素除外吧，否则的话，就没宁静可说，周边肯定是乱糟糟的一片。

其余的就是气味了。在感官世界里，能够说气味的发散比别的东西更可以说明，为何蝴蝶们会稍作疑问以后就个个前来追随招引它们的那个诱饵。是不是的确拥有这样一类相似于我们叫作气味的散

词语解释

猞猁：猞猁别名猞猁狲、马猞猁，属于猫科。体型似猫而远大于猫，生活在森林灌丛地带，密林及山岩上较常见。喜独居，长于攀爬及游泳，耐饥性强，可在一处静卧几日，不畏严寒，喜欢捕杀狍子等大中型兽类。产于东北、西北、华北及西南，属于国家二级保护动物。

发体呢？但这样的散发也是很难发现的，是我们所觉察不了同时又能被比我们嗅觉更敏捷的嗅觉感受出来。我们得进行一个实验，这实验非常容易，就是掩藏起这些散发物，用一种更浓烈更耐久的气味罩住它们，使它成为主要气味，如此一来，清淡的气味基本上不存在了。

我在实验室里事先撒了些樟脑。除此之外，在钟形罩里，在雌性大孔雀蝶周边我也放了一只盛满樟脑的宽大圆底器皿。大孔雀蝶来访时，只要在房间门口待着就可以闻到这种樟脑味儿。我的妙招没能达到效果。大孔雀蝶们同平时一般，如期而至。它们钻房间，越过那股很浓的味道，好像这儿一点都没有气味一般，方向精准地向钟形罩飞去。

因此我对它的嗅觉的作用产生了疑惑。话说回来，我如今也不能再接着实验了。第九天，我的女俘因久等无果，已精疲力竭，它将没能孵出幼虫的卵下在钟形罩的金属纱网上以后就死了。雌性大孔雀蝶没了，也就没事可做了，只能待到来年再说。

这一回，我将准备一些防御举措，储藏了足够的必需品，为的是由我所愿地复制已经做过的和我正想去做的实验。说做就做，不要延迟了。

深夏里，我以每只一个苏的单价买了许多大孔雀蝶毛虫。我的几位隔壁小朋友——我平时的供货者们——对这样的交易十分感兴趣。每当星期四，他们在逃脱那让人讨厌的<u>动词变位</u>的学习以后，就跑向田间地边，搜着数条大毛虫，用小棍子尖端挑着送给我。这些倒霉的小家伙不敢碰毛虫，当我如他们抓常见的蚕那样用手指抓住毛虫时，他们全惶恐之至。

我用老巴旦杏树枝饲养我昆虫园中的大孔雀蝶

> **词语解释**
> 动词变位：动词词尾的曲折变化，用以表达不同的时态，法语、意大利语、西班牙语等语言里都有一套复杂严谨的动词变位。

毛虫，没两天就有了许多上等的茧。待到冬季，我全神贯注地在老巴旦杏树根部找寻，最后得到了很好的成果，填足了我的收集物。有些对我的研究很感冒的好友也前来帮助我。最终，通过到处寻找、请人代捉、细心饲养等方式得到了很多的茧，其中较大较重的十二只是雌性的。

等待我的一直是失望。天气千变万化的5月到来了，它将我的汗水化作乌有，让我心疼不已，不曾开颜。秋走冬临，刺骨的寒风把梧桐的树叶击落一地。此刻是地冻天寒的12月，夜间不得不生上旺火，穿得厚厚的才可以。

我的大孔雀蝶也遭受着煎熬。卵孵化得迟了，孵出一群反应呆板的孩子。在一个个钟形罩里，依据大孔雀蝶出来早晚顺序一只只地住了进去，可是相当少或者根本就没有外面飞进来探望的雄性大孔雀蝶。在周边倒是有一些，因为我收集的长着好看羽饰的试验用雄性大孔雀蝶，只要孵化出来，分辨准确以后就会马上关到园子里。它们不论远近，都相当少地飞进来，并且即使飞来也没精打采的。

或许低温也对提供信息的气味散发物有巨大的影响，高温也许对气味的散发很有利。这一年我的汗水也算是浪费了。唉！这种实验真不容易呀，它受季节交换的快慢和反复无常的制约！

我再开始进行第三次实验。我饲养毛虫，到田地间去找寻虫茧。5月到了，我收集很多了。季节正好适合我的要求。我再一次见到了一开头致使我开展这类研究的那次让人鼓舞的大孔雀蝶大批飞来的盛况。

每个夜晚都有大孔雀蝶飞来，少时十几只，多达几十只。雌性大孔雀蝶大腹便便在钟形罩的金属网上贴得很紧，一点反应也没有，以至于连翅膀都没抖动一下。它几乎对周遭的事情毫无反应。我嗅觉最敏感的家人也没嗅出任何气味来，我听觉最敏感的朋友也没能听到任何声响。那只雌性大孔雀蝶一动也不动地、屏气聚神地在等候着。

> **同步思考**
> 如果碟与人类的嗅觉听觉存在很大差异，还能下此判断吗？

雄性大孔雀蝶两三交替地扑到钟形罩圆顶上，围着来回地飞着，不间断地用翅尖敲打着圆顶。它们之间并没因你争我抢而相互搏斗。每只雄性大孔雀蝶都竭尽全力地想闯进钟形罩中，看不到它们对别的献媚者有一丁点的妒意。白费功夫地试了一番之后，它们厌烦地飞走了，混进正在飞舞的蝶群中去。有几只彻底无望地从那扇开着的窗户飞走了，一些后来的蝶代替了它们。但在钟形罩的圆顶上，直至 10 点，还有蝴蝶不停地试着闯进，随后再绝望而回，因此后来者又勇往直前，重复不断。钟形罩每天夜里都被我挪来挪去。我把它放在北面或南面，放在楼下或楼上，放在居所右侧或左侧五十米之外，放在露野或一间静僻的小屋暗处。这一番神不知鬼不觉的折腾，不知情者想找都找不到，但蝴蝶却从没被欺骗过。我徒劳无获地浪费了时间和想法，没有迷惑住它们。

这也不是对地方的记忆在起作用。就像前一天夜里，那只雌性大孔雀蝶被搁放在居所的一间房里。羽饰漂亮的雄性大孔雀蝶飞往那儿花了两个钟头，甚至还有几只在那儿待了一夜。第二天的傍晚，待我转移钟形罩时，雄性大孔雀蝶全在外面。即使寿命转瞬即逝，但就来的大孔雀蝶依旧有办法开展一次又一次的夜晚远徙。这些仅能活过数日的家伙最先会飞去哪里呢？

它们晓得昨晚幽会的准确地点，我还认为它们会依靠记忆飞回那里去。但当它们发觉那里物是人非时，立刻再转变方位接着找寻。可现实不是那样。它们谁也没再次在昨夜反复去的地方出现，全都没在那儿停留一刻。此地已无人烟了，记忆仿佛没能在它们身上有一丝的滞留。一个比记忆更好使的向导把它们呼喊到别的地方去了。

在此以前，雌性大孔雀蝶始终公开地在金属网眼上待着。那些来访者眼光哪怕在漆黑的夜里也是灵敏的，它们依靠黑暗里的一点微光也是可以看到那只雌性大孔雀蝶的。假如我把雌性大孔雀蝶关到看不见的玻璃罩中，那将会是何种现象呢？这种看不见的玻璃罩真的就无法让提供信息的味道随意散发或全部制止它发散吗？

如今，物理学让我们可以研发使用电磁波的无线电报了。大孔雀蝶在此方面是不是可以领先呢？为了激起四周的雄性大孔雀蝶，通知数公里之外的寻爱者，方才孵化出来的适婚雌性大孔雀蝶莫非已拥有已知的或未知的电波和磁波了吗？这种电波、磁波莫非会被哪种屏障隔断而对别的屏障放开吗？总而言之：它是不是依照它的方式使用哪种无线电呢？我感觉这不是没可能的。昆虫是这种有机研发的厉害群体。

> **同步思考**
> 大孔雀蝶在漆黑的夜里只是用眼睛"看"东西吗？

因此，我把雌性大孔雀蝶放到不一样材质的盒子里。有白铁的、木头制的、硬纸壳的。我将它们全都关得结结实实，甚至用上了油性的泥封。我还在一小块玻璃的绝缘柱上摆放了一只玻璃钟形罩。在这种封闭的情况下，一只大孔雀蝶也无法飞来，即使夜晚寂静凉快、气候清爽。可不管是何种材质的密封盒——玻璃的、木质的、金属的还是硬纸壳的，都不能使带有信息的味道物散发出来。

产生了同样的效果的还有一层两横指厚的棉花。我把雌性大孔雀蝶放入一只大大的颈短口大的瓶里，用棉花塞住了瓶口，塞得很紧。

如此周边的雄性大孔雀蝶就不能知道我实验室里的机密了。最终连一只大孔雀蝶都没能出现。相反，我们不将盒子紧封，让它稍微开着点，再把这么多的盒子放到一只抽屉里，装到大衣橱里，可即使这样藏来藏去，雄性大孔雀蝶依然能蜂拥而至，多得如同鲜明地把钟形罩放在桌子上一般。女俘被放到帽盒里，裹入一只关上的壁橱的那个夜晚的景象到现在还历历在目。雄性大孔雀蝶们朝壁橱门扑去，翅膀啪啪地扑打着，渴望闯入。这些路过的朝圣者，也不知道从哪个时候穿过田间郊野来到这，它们非常明白藏在门后的是什么。

所以，一切无线电报相似的通信方式都不能奏效，因为一道屏障不论是好导体还是差导体，一旦出现就立刻阻断了雌性大孔雀蝶的信号。为了使信号一路畅通，传得很远，必要的条件是：囚禁雌性大孔雀蝶的囚室不可以关得太严实、无法通风，要使内外空气能够流通。这再次使我们回到存有一种味道的可能性上来，但那是被我用樟脑做过的实验给排除了的。

我的大孔雀蝶的茧业已告罄，可问题依然没有弄清楚。我还要继续进行第四年吗？我放弃了，理由如下：我想追随考察一只大孔雀蝶夜晚婚礼中的亲密动作是稍微困难的。献好意的雄性为实现目的肯定是不需要亮光的，可我那弱小的视力在没用光的情况下无一点用处。我最低需要一支燃烧的蜡烛，但它时常会被飞着的群蝶给扇灭。提灯的确能够排除此烦恼，可它的光线昏暗又会出现阴影，我基本没法看得一清二楚。

不但这样，灯的亮光还可使蝴蝶的注意力从它们的目标身上引开，使它们不能成其好事。而且照得时间越长对整体的晚会影响越厉害。到访者一飞入屋内，便疯子一样向火光扑去，烧损身上的绒毛，假设以后因被烧坏而疯狂，就不能用来做证明了。假设它们没被烧到，被玻璃罩隔在外面，落在火光周边，就会像被施了魔法一样，无法动弹。有一天夜里，雌性

词语解释
告罄：指财物用完或货物用完。

大孔雀蝶被搁置在餐厅的一张桌子上,正面对开着的窗户。装有搪瓷的宽大灯罩的煤油灯点亮了并被悬吊在天花板上。一些到访者落在钟形罩的圆顶上,在女俘面前迫不及待的样子,其他的一些到访者在女俘囚室飞过时稍微致意一下,便朝煤油灯扑去,旋转一会以后,被搪瓷灯罩的反射光照得模模糊糊的,贴在灯罩下面无法动弹了。孩子们伸出手打算抓住它们。"不要动,"我喊,"不要动!别惊吓到它们,别打搅这些来此朝圣的宾客们。"

接连两天它都在原地待着,不曾动弹。因为对亮光的迷恋使它们忘掉了自己的爱情。

对着这些迷恋亮光的客人,准确而长时间的实验是不可能开展的,毕竟观察者得照明。我舍弃了对大孔雀蝶及其晚间婚礼的观察。我想得到一只习惯不一样的蝴蝶,它得如同大孔雀蝶一样勇猛地去往婚礼幽会,但还能在白天行房。在用一只符合上述要求的蝴蝶开展研究以前,暂时先考虑时间的先后顺序,讲几件我完成研究以前飞来的最后一只蝴蝶的事情,那是一只小孔雀蝶。

有人帮助我得到一只很不错的茧,裹着一个宽大的白色丝套。从这个不常规的大褶皱的丝套中,很随意抽出一只体积很小但外表形状像大孔雀蝶的茧来。丝套口处使用松散可聚在一起的细枝弄成网状,可出但不可以进,我一下子就能看到那是一只夜晚生活的大孔雀蝶的同类。丝套上有编织者的称号。<u>果不其然</u>,3月底,圣枝主日那天的早晨,那只茧孕出一只雌性小孔雀蝶,我马上把它关到实验室的钟形金属网里。我拉开房间的窗户,好使这件大事件传到田野里去,并且必须使前来的探访者任意地在房间来回。被囚的这只雌蝶自从贴到金属网纱上一个礼拜里都没动弹。

我的小孔雀蝶女囚好看极了,一身波纹状的褐

词语解释

果不其然:果然如此。指事物的发展变化跟预料的一样。

色天鹅绒华服，上部翅膀顶端有胭脂红斑点，四只大眼睛好比同心月牙，黑色、白色、红色和赭石色掺杂在一起。如果不是色泽如此发暗的话，几乎就像是大孔雀蝶的装饰。这种体形以及服饰如此华美的蝴蝶，我一生中只看到过三四次。我昨天看见了茧，但从没有见到过雄性蝶。我只是从书本上了解雄性比雌性要小一半，体色更加鲜艳些，更加花枝招展些，下方翅膀呈橘黄色。我还不熟悉的陌生贵客、羽饰美丽的雄蝶，它是否会飞来呢？我们周围好像很少见到它。在它那遥远的藩篱墙内，它能否得知在我实验室桌子上的那只适婚雌蝶正等待着它的到来呢？我敢保证它肯定会前来的。看，它飞来了，甚至比我预料的还早到了。

中午时分，我们正准备吃午饭。由于对可能出现的情况感到不安，尚未来用餐的小保尔忽然跑到饭桌前，满面通红。只见一只漂亮的蝴蝶在他的指间拍打着翅膀，当它正在我实验室对面飞舞时，被小保尔一下子抓住了。小保尔递过来让我看，以目光询问我。

"哇！"我叹道，"它正是我们等待着的朝圣者呀。先不要吃了，赶紧去看看是怎么回事，过会儿再吃吧。"

这突如其来的奇迹让我们顾不上吃饭。雄性小孔雀蝶让人难以置信地按时被女囚给神奇地召唤来了。它们艰难地飞翔，终于一只连一只地飞来了，此间最有价值的情况是：它们都是从北边飞来。确实，乍暖还寒已经有一个星期了。北风呼啸，吹落了老巴旦杏树刚刚绽放的花蕾。这一场猛烈的风暴预示着春天将要到来了。今天，气候突然变暖，但北风依旧在呼啸着。

在这期间陡变的天气中，飞来寻找那只雌小孔雀蝶的所有雄小孔雀蝶全部都是从北边飞到我的拘蝶园中的。它们乘风飞来，没有一只是逆风飞行的。如果它们有与我们类似的嗅觉作为罗盘，如果它们是受分解于空气中的气味的微粒所引导的，那它们就该是从相反的方向飞来才对。如果它们是从南边飞过来的，我们就会因此认为它们是闻到风吹来的气味才寻到地方的。在北风呼啸，空气洁净，什么气味也不能闻到的天气里，从北边飞过来，这就推翻了我们认为的它们在很遥远的地方就嗅到了雌性大孔雀蝶气味的假设。我觉得有气味的分子不可能会冒着强风传给它们。两个小时内，在阳光灿烂下，造访的雄小孔雀蝶们在我的实验室门前飞来飞去。大部分都在没有目的地探寻，有的撞墙欲入，有的掠地而过。看到它们如此犹豫不决，我想它们是因为找不到引它们飞来的那个诱饵的准确位置而焦急万分。它们从遥远的地方飞来，并没有弄错方位，可到了地方却又弄不准确切位置了。不过，它们早晚会飞进屋里去向女俘致意的，但它们也不会恋战。下午两点钟的时候，一切都结束了。总共飞来了十只雄小孔雀蝶。

　　整整一周，每当正午，阳光十分明亮时，一群雄小孔雀蝶就会飞来，但数量却在减少。前后加起来大概有四十来只。我觉得没有必要重复实验了，因为不会从它们身上获得比我已知的更多的资料了，所以我只是在注意两个情况。首先，小孔雀蝶是白天活动的，也就是说它们是在光天化日下举行婚礼的。它们需要足够的阳光照明。而与它成虫的形态和毛虫的技艺接近的大孔雀蝶则完全相反，它们需要在日暮天黑之后。这种相反的习性谁有能耐解释清楚谁就去解释吧。

　　其次，一股强气流从相反方向吹散可以给嗅觉提供信息的分子，但却不是会像我们的物理学所假设的那样，阻止小孔雀蝶飞向有气味的气流的相反的一方。

为了继续进行研究，我们需要的是在夜间举行婚礼的大孔雀蝶，小孔雀蝶的出现太晚了，我并没有再研究它。我需要研究的是大孔雀蝶，无论如何，只要它在婚庆行房时敏捷能干就可以了。这类大孔雀蝶，我可以获得吗？

小阔条纹蝶

对,我将会得到它,我甚至早已得到它了。一个脸上透着灵气的七岁的男孩,赤着脚,穿着用绳子扎着的破破烂烂的短裤,并且不是每天都洗脸。但他每天都给我家送来萝卜和西红柿。一天清晨,他拎着蔬菜篮子来了,收下我给的蔬菜钱,摊在手心中一枚一枚地数着那几枚他妈妈期盼的苏,然后便从口袋里掏出一件东西,这是他昨天沿着一个藩篱捡拾兔草时发现的。

"还有这个,"他将那东西递给我说,"这个您需要吗?""需要,我当然需要。你设法再给我找一些,你能够找到多少,我便要多少。而且我答应你每个周末带你去玩旋转木马。喏,小朋友,这两个苏也是给你的。将这两个苏同萝卜钱分开放,免得向你妈报账时说不清楚。"我的这位蓬头垢面的小朋友看到这么多钱简直开心坏了,隐约感到自己是发大财了。

他走后,我仔细地打量着那个东西。这东西值得花气力去寻找。那是一个美丽的呈圆盾形的茧,很容易让人联想起蚕房里的蚕茧,它非常坚硬,呈现出浅黄褐色。从书本上的一些简单介绍分析,我

> **同步思考**
> 小男孩递给了法布尔需要的什么东西?

几乎可以断定这是一只橡树蛾的茧。要真是这样的话，那么上帝真是厚待我了！我便可以继续我的研究了，兴许还可能让我补足大孔雀蝶让我隐约瞥见的材料。

橡树蛾的确是一种传统的蝶蛾，无论哪一本昆虫学论著都会谈及它在婚恋期间的突出表现。据说曾有一只雌性橡树蛾被困在一个房间里，甚至还刚刚于一只盒子底部孵卵。它远离乡村，被困在喧嚣的城市之中。可是，孵卵的事还是传给了树林里和草坪间的相关者。雄性橡树蛾们仿佛是被一个不可思议的指南针所引导，自遥远的田野间飞来，飞来盒子跟前，聆听，盘旋，再盘旋。

这些奇谈怪论是我从书本中看到的，但要是能够亲眼看到，并且对此稍作实验，那当然完全是另一回事了。我花了两个苏买来的那东西里面到底会有什么呢？会不会从中飞出那个著名的橡树蛾呢？它另外有一个名字：布带小修士。这个新颖别致的名字来自于它的雄性外衣，为一件棕红色的修士长袍，却又并非是棕色粗呢，而是柔软的天鹅绒，前面的翅膀上是一条横着泛白的、长有像眼珠似的小白点的条纹。

词语解释
奇谈怪论：奇怪的不合情理的言论。

这里所提到的布带小修士，便是小阔条纹蝶，它并非那种我们心血来潮，随便带上一个网子就能捉到的平淡无奇的蝴蝶。在我们村子附近，特别是在我住了二十来年的荒石园中我从不曾见过它。的确，我并非狩猎迷，对标本上的死昆虫并不怎么感兴趣，我想要的是活物，想要能表现其天赋才能的活物。但是，我虽没有收集者的那种热情，但我对于田野里生机盎然的一切都异常关注。一只身材和服饰如此与众不同的蝴蝶倘若被我遇上，我肯定不会放过它的。

我许诺带他去骑旋转木马的那个小家伙也并没

能再捉到第二只。三年间，我不断地拜托朋友和邻居助我寻找，尤其寻求了那些年轻人的帮助，他们算得上是荆棘丛林中手眼明快的捕猎者。我自己也在枯叶堆中翻来找去，观察一堆堆的石块，寻求一个个的树洞。结果仍然一无所获，稀罕的蝶茧始终无法找到。这足以证明在我住处周围小阔条纹蝶十分罕见。到时候我们才会看到这一点是多么重要。

我猜测的完全没错，我那只唯一的茧正是那类享有盛誉的蝴蝶。8月20日，一只肥嘟嘟的雌蝶从茧中出来，肚子大大的，衣着与雄蝶相同，只是其长袍是更加淡雅的米黄色。我将它放在我工作室中间的一张大桌子上，找来金属钟形网罩将它罩住。大桌子上堆满了书籍、短颈大口瓶、陶罐、盒子、试管及其他一些器械。相信大家对这个环境很熟悉，是的，它便是我为大孔雀蝶准备的那个住所。有两扇窗户面向花园，阳光直射进屋里。一道窗户是关着的，另一道则一整天敞开着。小阔条纹蝶在这两道窗户之间那四五米间隔的半明半暗之中待着。第二天也过完了，无任何值得一说的事情发生。小阔条纹蝶用前爪捉住金属网纱，悬挂在朝阳的另一边，如同死了一般一动也不动，连翅膀和触角也没抖动一下，和大孔雀蝶的状况相同。

雌小阔条纹蝶发育长大了，娇柔脆弱在变强壮。它用一种我们科学上没有一点意念的方式在制造一种无法抵制的勾引，将一部分来访者从天南地北吸引过来。它那胖胖的身体里发生了什么情况呢？里边产生了何种改变将周边弄得翻天覆地呢？假如我们可以知道它那造丹的诀窍，那我们也会获得许多的知识。

三天以后，新娘子已然打扮好，这儿像节日一般闹腾起来。当时我正在花园里，因为事情拖迟过久，已然觉得应该放弃对胜利的渴望了。忽然，下

同步思考

小阔条纹蝶与大孔雀蝶的相同习性有哪些？

午 3 点钟的时候，气候酷热，阳光明媚，我隐隐看到一堆蝴蝶在敞开的那扇窗框间穿来穿去。

它们是一群来朝美人儿献媚的有情郎。有一群从房间里飞出去，另一群则飞进去，还有一群停在墙上休息，就像因长途奔波而全身无力了。我隐约看到一群雄蝶从远方飞来，飞入高墙，飞过高大的柏树冠到达雌蝶身边。它们从天南地北飞来，但数目愈来愈少。我不能看见婚礼起初时的情景，如今来宾们大概都已到全了。我们楼上去瞅瞅吧。这一次是大白天，每个细节都没落下，我又一次看到了那只夜巡大孔雀蝶让我第一次看到的使我惊叹不已的场景。在我的工作室里，一大群的雄性小阔条纹蝶在纷飞，翻来翻去，我目测了一番，大约有六十多只。在绕着钟形罩转了数圈以后，有一部分就向开着的窗户飞去，但随之又飞了回来，接着绕着钟形罩盘旋起来。最着急的则落在钟形罩上，用爪子互相挠抓、推送，争着取悦雌蝶霸占最好位置。钟形罩里的女俘大肚儿立着贴到网纱上，毫无声色地等候着，在这些纷乱的雄蝶面前，毫无一点激动之情。

雄性小阔条纹蝶不论是来还是去，不论是固守的还是乱跑的，在三个多钟头的过程中，总是在疯狂地飞舞着。可是如今已然日落西山，雄蝶们的热情也随温度的下降而降低了。有很多飞走了，没能再飞回来。其他一部分占好位子以备明天再战，它们紧靠在那扇关着的窗户的窗棂上，就像雄性大孔雀蝶一般。今日的节庆活动就这样终结。明天还会接着来，因受到网纱阻碍，行动还没有一点成果。然而令我十分伤心的是活动并未再往下继续，这都是我的不好。夜里，有人送给我一只个子非常小的螳螂，我十分喜爱。因为老是想着下午的各种情况，我就急忙地把它这个食肉昆虫放到那只雌性小阔条纹蝶的钟形罩里。我根本就没想到这两种昆虫在一起居住会产生什么样的恶果。那只螳螂看上去没什么威力，而那只雌性小阔条纹蝶却是很胖的！因此我没一点怀疑。

唉！我对有铁钳的食肉昆虫的残暴性认识很差！过了一天，我惊讶地发现那只小螳螂正在咬着那只胖蝴蝶。后者的脑袋和前胸已经被它吃了。吓人的昆虫！你让我度过了如此惨痛的时刻啊！再见了，我一夜绞尽脑汁的钻研工作。三年中，我因无探究对象而不能继续我的探索。

希望这糟糕的事别让我们遗忘刚了解到的那一丁点情况，仅一次聚会，大约有六十只雄性小阔条纹蝶飞来。假如我们考虑到这种蝴蝶很少，假如我们记起我和我的助手们那几夜接连无果的钻研，那这个数目真的是让我们非常惊奇了。找不见的那种蝴蝶在一只雌蝶的诱导下，刹那间来了如此多。

它们是从哪里飞来的呢？不用质疑，是从远远的天南地北而来。许久以来我一直在我的住处周围找来找去，我把一批批的荆棘，一堆堆的石头都翻了个遍，因此我可以确定我们周围无橡树蛾。为了使我的工作室里积聚一大群这种蝶蛾，我以前四处寻找，寻遍了郊外各地，也不晓得找了多少地方。

三年已过，我朝思暮想的运气终于给我送来两只小阔条纹蝶茧。8月半前后，这两只茧间隔几天为我育出一只雌蝶来，这使我可以丰富并重新我的实验。我就再次开始大孔雀蝶已经给了我十分肯定答复的实验。白天的朝圣者也很灵巧，并不差于夜间朝圣者。它败给了我全部的谋划。它正确地飞向被金属网罩罩着的那个女俘，不论网罩放在哪个地方。它可以在壁橱暗处发现女俘，它可以在一只盒子的最里层找到女俘，一旦这只盒子盖得不是太严。假如盒子关得严实，它就因获得不了信息而不会前来。在这之前，它一直反复的是大孔雀蝶的勇敢行

昆虫记

为，没有别的。

　　一只盖得很严实、空气不能流通的盒子，雄性小阔条纹蝶是彻底不能知道女俘的状况。哪怕把这盒子放到窗户上非常醒目的地方，也无一只雄性飞来。因此，这又马上使我想到了不论是金属的、木质的、硬纸板的还是玻璃质的隔墙，都不能传导散发体的味道。

　　我就此对夜巡的大孔雀蝶进行了实验，它没有被樟脑味欺骗。以我所见，樟脑的气味完全盖住那些人所不能嗅出的细微气味。我用小阔条纹蝶再一次做了这种实验，这一回我把我所储存的汽油和有气味物全部都给用上了，一堆的碟子放好了，一些放在囚禁女俘的金属钟形网罩里，另一些放在网罩四面，构成一圈。有几只装有樟脑，有几只装有宽叶薰衣草的香精，有几只装有汽油，还有几只装着臭鸡蛋味的碱硫化物。无法再多放什么了，要不女俘会因无法呼吸死去的。清晨我就把这么多小碟子摆放停当，为了在聚会开始时屋子里弥漫起各种气味。

　　下午，成了配药室的工作室里，充满着一股浓浓的薰衣草香味和碱硫化物恶臭的混合味道。并且别忘了我还在这间屋里大批地熏烟，煤气厂、烟馆、香料厂、炼油厂、臭气熏天的化工厂全部聚集在这屋子里了，这样是不是使小阔条纹蝶找不到方向呢？

　　压根就没有。3点钟光景，雄性小阔条纹蝶像平时一般纷纷飞来。它们都向钟形罩那儿飞，要知道我事先已用一块厚布把罩蒙上了，为的是增强难度。它们一飞进屋里，就被一种混合着各种气味的浓浓氛围包围住了，但它们依旧是朝向女俘的囚室飞去，想从厚布的褶皱底下钻到里面与女俘碰面。我的计划没有成功。这次实验彻底失败了，重复了大孔雀蝶实验的结果。这次失败后，我理所当然地要放下是有气味的散发物在引导小阔条纹蝶参加婚庆的想法。我之所以没有放弃，应感谢于一次偶然的观察。意外和偶然有时会给我们带来不同程度的惊喜，把我们带回此前一直没有结果的徒劳地寻找真理的道路。

　　一天下午，我想弄明白蝴蝶只要飞进屋里，视觉是不是在寻找目标中有所作用，就把那只雌性小阔条纹蝶放到一只钟形玻璃罩中，还给它弄点带枯叶的橡树小枝让它停靠。玻璃罩就放到桌子中间，向着开着的那扇窗户。雄蝶飞进屋里肯定会看到女俘的，毕竟后者就在它们不得不经过的路上。雌蝶在其上过了一夜和一早上的那个金属纱网钟形罩下摆放了一个有一层沙土的陶罐，我感觉很碍事，未经一丁点思索就把它放在距窗户有十步来远的屋子的角落地板上，可那个角落仅能透进忽明忽暗的光线。

　　接着发生的事让我的思绪一团遭。飞来的造访者中无一在玻璃罩那儿停下来，而玻璃罩在明亮的阳光下，女俘很显眼地在其中居住。它们竟都没朝雌蝶看一下，也没问一下。它们全都飞向我摆着陶罐钟形罩的房间的另一方的那个黑暗角落。它们停在金属纱网罩圆顶上，长时间地在寻找，拍打着翅膀，还微微在相互争斗。一整个下午，直到太阳西落，它们全围着空空的圆顶飞舞，想着雌蝶就沉沦其中。最终，它们走了，但没飞走。有几个执着者好像被施了定身法一样死死地在那儿定住。

　　这真是个让人回味的结论：我的这么多蝴蝶飞到那人走楼空的地方，久久不走，即使眼见罩中没人还不死心。从雌蝶在的那只玻璃钟形罩旁飞走时，来来往往的这些雄蝶中不会一个也没看出有雌蝶的，可它们就是不能在此哪怕稍微停留。它们被

同步思考

为什么飞来造访的雄蝶没有访问它们眼下的雌蝶？

词语解释

定身法：神话故事中使对方不能动弹的法术。

一个诱饵弄得不知所措，竟置现实物于不顾了。

它们是让什么蒙蔽了呢？第一天一整夜和第二天一上午，雌蝶都是待在金属纱网钟形罩里的，它一会儿吊在纱网上，一会在陶罐的沙土层上休息。它碰到的物体，尤其是它那大肚子磨蹭的东西，接触长时间之后，浸透了一部分散发物的气味。那便是它的引诱物，便是它的引发情欲的药物，那便是引得雄蝶不知所措、纷至沓来的尤物。沙土层把这尤物储存一些时间，并朝四面扩散而去。因此，是嗅觉在指引雄蝶们，在远的地方朝它们发出信息。它们被嗅觉控制，不再考虑视觉所传达的信息，因此经过美人儿正被关着的玻璃囚室时，一飞而过，直奔在散发奇妙味道的纱网、沙土层，奔向女魔法师除了气味以外什么也没剩下的那个空房，那不能抗拒的尤物要一定的时间才可以研制好。我想它就如一种散发性气体，慢慢地散发出去，让动也动不了的大肚雌蝶沾过的物品便全浸的是这种气体。哪怕玻璃钟形罩放在桌子最中间，或许再好一点，放到一块玻璃上，内外都不能很好地交流，何况，雄蝶因靠嗅觉什么也觉察不到，它们就不可能前来，不论你试验多长时间都是一个样。但我眼下不可以以这种里外不能交流当作原因，因为哪怕我创造一个好的交流环境，用三个小垫子把钟形罩抬走支座，雄蝶们也不可能瞬间飞来，即使屋子里蝴蝶很多。可是，等了差不多半个小时，盛有雌蝶尤物的蒸馏器就开启了，寻欢者们马上会像平时那样纷纷而来。

我能依照了解的这些意想不到的驱云拨雾的材料，开展不一样的实验，而这样的实验在同一个方向具有结论性的。清晨，我将雌蝶放在一个钟形金属网罩里。它的栖息处是和之前一样的一根橡树细枝。雌蝶在那里一点都不动弹，好像死了。它在细枝上待了很久，藏在大概浸润着其散发物的叶丛里。

> **同步思考**
>
> 雌蝶们为什么犹豫？

> **词语解释**
>
> 打道回府：是旧时达官显贵们取道回程的文雅说法，因他们的出行要有专人开路，打道就是开道，回府就是回官府或自己的府第。打道回府在古典文言文中是很常见的动词词组。现在人们也常用打道回府来表示取道回家或原路返回。

当探查时间临近时，我将浸好了散发物的细枝拿出来，放到距开着的那扇窗户不远的地方。此外，我使钟形罩中的雌蝶待在房间中间的桌子上明显的地方。蝴蝶纷纷到来，起先是一只，接着是两只、三只，很快就五只、六只。它们进来出去，来来去去往返。一直是在那扇窗户周围，那枝细橡树枝放在椅子上，距窗户不远。谁也无法往那张大桌子飞，而雌蝶就在那儿的金属网罩中等待它们，离它们并无多远。它们在犹豫，这能清晰地看出来：它们在寻觅。

最后，它们终究是找到了。那它们找到什么了？找到的恰是那根细枝，那根早上曾是胖雌蝶的粉床的细枝。它们快速拍打着翅膀；它们飞歇在叶丛上；它们时上时下地搜索、抬起、移动树叶，至于最终那束十分轻的细枝被弄落在地上了。它们依旧在落在地上的细枝叶丛中寻找。细枝在翅膀和细爪的拍打抓挠下，不间断地在地上移动着，好像被一只猫儿用爪子抓扑的破纸团。

在细枝连同那群搜索者移动到远的地方时两只小阔条纹蝶突然飞了过来。那把刚才放有细枝叶的椅子就在它俩途经之中。它俩在椅子上停下，急忙地在刚刚放细枝的地方嗅闻个不停。可是，对于新来者和先到者来说，它们热切期盼的那个真正的目标就在那儿，很近，被一只我忘记遮挡起来的金属网罩罩着。它们谁也没能察觉到它。它们在地上接着推挤雌蝶早晨睡的那个小床，它们在椅子上继续嗅着那张粉床曾经放过的地方。日影西斜，撤退的时间到了。再说，撩拨的味道也渐渐淡去，甚至消失了。拜访者们没事可做，只好打道回府，明天再战。

接下来的实验告诉我：不论哪一种材料都能代替我那偶然的启示者——带叶的细枝。我稍微提前一点把雌蝶放在一张小床上，上面时而铺着呢绒或法兰绒，时而放些棉絮或者纸张。我甚至有时还强迫雌蝶睡木质的、玻璃的、大理石的、金属的很硬的<u>行军床</u>。所有这些东西在被雌蝶接触了一段时间之后，都像雌蝶本身似的对雄蝶们有着相同的吸引力。它们全部具有这种吸引雄蝶的特性，只是有的强些有的弱些。最好的是棉絮、法兰绒、尘土、沙子，总而言之是那些多孔隙的东西。而金属、大理石、玻璃反而易于失去这种特殊的功效。总之，只要雌蝶接触过的东西，都能散发出它的特性吸引力来。所以，橡树细枝掉到地上后，雄蝶们依旧纷纷飞到那把椅子的坐垫上。我们来选择一张最好的床，例如法兰绒床，我们将能看到新奇的事。我在一根长试管或小阔条纹蝶恰好可以飞进去的一只短颈大口瓶里放一块法兰绒，让雌蝶整个上午都停留在上面。来访者们钻进器皿中，在里面使劲扑腾，但却怎么也不能飞出来了。我给它们设置了个陷阱，可以使它们有多少死多少。我们把那些落难者释放走吧，把藏于盖得严实的盒子的最秘密处的那块床垫抽出来。晕头转向的雄蝶们又飞回到那支长试管里，再次落进陷阱中。它们是被浸透尤物的法兰绒传给玻璃的那种气味所诱导的。

我因此更坚定了自己的想法。为了邀请附近的众蝶飞赴婚宴，为了老远地告知它们并引导它们，婚嫁娘散发出一种我们人的嗅觉感觉不出来的十分细微的香味。我的家人们，包括孩子们那非常灵敏的鼻子，凑近那只雌性小阔条纹蝶也没有闻出丝毫的气味来。雌性小阔条纹蝶停留过一段时间的任何东西都极其容易地浸润了这种尤物，因而这些东西自此也就如雌性小阔条纹蝶一样成为具有相同功效的吸引力的中心，只要它的散发物没有消失掉。没有任何可以用眼看出来的诱饵。求欢者们心急如焚地在围着纷飞的刚刚弄好的纸床上，没有任何看得出来的痕迹，也没有一点浸润的模样，其表面在浸

> **词语解释**
>
> 行军床：部队行军途中使用的，可以折叠的床，用木架或金属架绑着帆布做成，多供行军或野外工作时用。有折叠装袋后体积小、便于携带的特点。

润尤物前后同样干净整洁。

　　这种尤物的配置需要一点一点地积聚，然后才能充分地散发出去。雌蝶被从其粉床弄走后，移到他处，暂时失去了诱惑力，开始变得冷漠，雄蝶们飞往的是因长久浸润之后的雌蝶栖息地。但是，御座重新放置好，被抛弃的女皇又开始重新掌权了。

　　昆虫的品种不一样，信息流通出现时间也有早有晚。刚孵出的那只雌性小阔条纹蝶需要一段时间才可以发育成熟，才能控制自己的蒸馏器似的器官。雌性大孔雀蝶早上孵出，有时候当晚就有探访者飞来，但更加经常的是第二天，经过四十来个小时的准备后才有求欢者。雌性小阔条纹蝶则把自己召唤异性的活动推得更晚，它的征婚广告要等到两三天之后才发布。让我们回头探寻一下它触角的神奇功能，雄性小阔条纹蝶长着与其情敌一样漂亮的触角；把其层叠状的触角看作导向罗盘是否合适？我并没有太大把握地对它们进行了我以前做过的那种截肢手术。被动过手术的雄性小阔条纹蝶都没有再飞回来过。但也别急于下结论，我们从大孔雀蝶那儿已经得知，它们的一去不返有着比截肢的结果更加重要的缘故。

　　此外，第二种小阔条纹蝶——苜蓿蛾蝶这种与第一种小阔条纹蝶很相似的蝴蝶，也拥有着华美的羽饰，它也给我们提出了一道难题。在我家附近经常见到它们，就在我的那座荒石园里我都看到过它的茧，十分容易与橡树蛾的茧搞混。我刚开始就曾把它们搞混过。我原希望从六只茧中得到小阔条纹蝶，但接近8月末时，我获得的却是六只另一品种的雌蝶。这下可好，在这六只我家孵出的雌蝶附近，尽管周围肯定有雄性小阔条纹蝶出没，但我却从没有见过。如果宽大而多羽的触角真是远距离信息传输工具的话，那为什么我的那些有着华美触角的

邻居却没有获知在我工作室中发生的情况呢？为什么它们的美丽羽毛并未让它们对一些事情产生兴趣呢？而所发生的这些事情本会使另一种小阔条纹蝶纷纷飞来的呀！这又一次说明器官并不决定才能，具有相同器官的生物不一定具有相同的才能。

象态橡栗象

某些东西在我们的机器中表现得非常奇怪,当它们静止时我们无法了解到它们的一点一滴。一旦机器运转起来,怪诞的装置便会咬住齿轮,打开、闭合连动杆,我们就看到了各部件的巧妙组合,每个部件都在为达到预定功效而匠心独运地各司其职。这便是各种象虫,特别是橡栗象的情况。正像其名所示,橡栗象生来就是对付橡栗、榛子和其他类似坚果的。

象态橡栗象是我们这一地区最引人关注的昆虫。它的名字起得真是妙!让人产生许多联想!啊!看它那副滑稽相,嘴上还叼着一只长烟斗呢!这烟斗细得像马鬃,棕红色,近乎笔直,其长没法比,以至于橡栗象只好斜着身子,使它伸直以免折断,仿佛头前伸出一支长矛似的,如此长的一根尖桩,这样一个怪鼻子,橡栗象用它来做什么呀?

我看到有人不屑地耸耸肩膀。如果说人生的唯一目的确实是通过明的或暗的手段赚钱的话,那这类问题问得就有点荒唐了。好在另外有一些人则不然,在他们眼里任何事都是重要的,并没有微不足道的。他们明白思想的面包是用一些细碎的面团揉

词语解释

匠心独运:匠心,工巧的心思。独创性地运用精巧的心思。

嵌记妙语

九层之台,起于垒土,世界是由无数细节构成的,真理更是,而这需要我们一点点去发现积累。

成的，它们并不比收获的粮食显得更无关紧要；他们了解耕耘者与询问者都在用聚集起来的面包屑供养这个世界。让我们可怜可怜这个问题吧，让我们接着讲述下去。不用看着橡栗象干活儿，我们也可以猜测到它的奇形怪状的长嘴上有一个仿佛我们用来钻坚硬物体的钻头。其大颚是两个钻石尖，组成钻头尖端的高强度齿甲。这种象虫模仿菊花象，但它的条件要比后者差，它们采取这种钻头来开道，以便放置自己的虫卵。然而，尽管这种猜测有点道理，但毕竟不是没有一点疑点的。只有看着橡栗象干活儿我才能明白其中的奥妙。

勤奋耐心的人总会遇到机会的。因此10月上旬我终于见到橡栗象在干活儿了。我当时惊讶得很，由于节气已经很晚了，一般来说一切技术性的活儿都完成了。初寒一到，昆虫的季节就告结束。那日，天气糟糕透了。刺骨的寒风凛冽地吹。冻得人嘴唇像被刀割一样。这种天气跑到荆棘丛去观察，必须得意志坚强。但是，假若长嘴橡栗象如同我所猜想的那样用长杆工具钻橡栗，那就得赶紧去看。时间是不会等人的。橡栗仍然是绿的，但个头儿已经非常大了。两三周后它们就会变成褐栗色，完全成熟了，随即就会掉到地上的。我疯看了一圈，很有收获。在墨绿的橡树上面，我发现一只橡栗象，长鼻子已经有一半钻进一颗橡栗里去了。细心观察它是不可能的，因为树枝被寒风吹得颤抖个不停。因此，我就把那根树枝折断，轻轻地搁在地上。那只橡栗象没有看到被搬了家，仍旧在继续干着。我藏在一丛矮树后面，蹲在它旁边，盯着它干活儿。象态橡栗象脚上踩着黏性套鞋，可以紧紧地贴在光滑浑圆的橡栗上，后来，在我的实验室里的玻璃壁上它也是凭着这种黏性套鞋得以垂直地爬上爬下的。此时，橡栗象正在橡栗上用自己的弓摇钻在忙碌着。它缓

> **嵌记妙语**
>
> 机遇总是留给勤奋有耐心的人。即使要冒着寒风凛冽的天气去观察树下工作的橡栗象，法布尔也不厌其烦。与此同时他收获到了橡栗象的一些难得的习性。一般在这个季节昆虫们都进入了过冬时节不再出来了，但是橡栗象却耐得住严寒，用自己的长鼻子坚持工作。

慢而笨拙地绕着它那根插入橡栗中的钻杆移动着，正在画着半圆，圆心便是钻孔，然后又转回头来，画一个反方向的半圆。它反复地这样画来画去，就像我们运用手腕的力量拿着钻子在木头上扭来扭去地钻洞一样。

  一点一点钻进去的长鼻子，一小时后便不见了。接着它歇息了片刻。最后，长鼻工具抽出来了。随后会出现什么情况呢？这一次没有出现别的什么事。橡栗象扔下了它钻探的那口井，一本正经地撤退了出来，蜷缩在枯树叶内。今天我不会得到更多资料了，但我并没有放松警惕。在有益于捕捉虫子的无风的日子里，我回到了以前去的地方，很快就捉到了一些，装入我实验室的金属网罩中。我明白这项精工细活会有不少难度，因此我宁愿在自己家里不紧不慢地观察研究。这么做好极了，假若我像开头一样继续在树林中观察橡栗象的劳作的话，尽管我能找到一些为我观察所需的橡栗象，那么我也永远不会有耐心把它们选择橡栗、钻孔和产卵的情形从头观察到尾的，所以做这样的工作既要细心又要<u>慢条斯理</u>。

  绿橡树、短柔毛橡树和胭脂虫栎树是我的橡栗虫常光顾的矮树林的三种橡树。假如樵夫不过早砍伐的话，绿橡树和短柔毛橡树会长成很美丽的树木，但胭脂虫栎树只是一种可怜的荆棘而已。绿橡树是这三种树木中挂果最多的，它是橡栗象的最爱。其橡栗坚硬，长形，大小中等，硬壳不太粗糙。短柔毛橡树的果实基本来说长得一般，短小带着皱巴，没熟就掉落了。塞里昂丘陵的干旱气候对这种橡树非常不利，于是，橡栗象只是在退而求其次的状况下才选择它。胭脂虫栎树是一种短小的灌木，矮得迈一步就能越过，可它的果实是多汁的，与栎树那糟糕的外表产生强烈的对比。其橡栗鼓鼓的，呈粗

词语解释

慢条斯理：原指说话做事有条有理，不慌不忙。现也形容说话做事慢腾腾，不慌不忙。

大的鹅卵形，壳上竖着毛糙的鳞片。象态橡栗象再也找不到这样好的居所了，既是坚固的住宅又是丰富的粮库。

我将几根满是橡栗的树枝置放到我的金属网罩圆顶下，一端浸在一盆水里，为的是保持新鲜。小树枝上放了数量合适的配对橡栗象，最后实验仪器也放到我实验室的窗户上，天气好的时候，一天大多数时间都可以照到阳光。如今，让我们不急不躁，时刻注意着，值得一看的橡栗象会让我们获得回报的。

我们并没等太长时间，准备工作做好以后的第三天，我在橡栗象干活儿时按时到来。雌橡栗象比雄的身体更健壮，用手摇曲柄钻的时间也更久，它观察那个橡栗，为的是打算产卵。它一步步地从头爬到尾，从上爬到下，爬完了那个橡栗。橡栗壳很毛糙，爬动很方便。假如脚底无黏性套鞋，没有在各种姿态下都可以维持平衡的刷子形鞋底的话，在橡栗的其余地方爬动就不那么方便了。橡栗象以相同从容的姿势在橡栗的各个方向来回爬动，从来不掉落。它已选好了，这个橡栗被看作最好的。如今是要在这个橡栗上钻一探测洞。橡栗象的钻杆过长，操作起来很麻烦，为获得最好的机械效果，就不得不依照被钻件凸面的法线把钻杆立起，之后再把干活时间之外呈前伸状态的这个碍事的工具收回到橡栗象钻工的身体下部。为实现这一目的，橡栗象用后腿挺起身子，立在鞘翅尖端和后跗骨造成的三角架上。没有什么比这个怪诞的钻工还要奇怪的了，它站立着将长钻杆鼻放回自己身下。胜利了，长钻杆直直地立了起来。钻探开始了，它的方法是我那天北风呼啸时在树林里所看到的那样。它非常缓慢地钻着，从右到左，之后再从左到右，往复循环地这样做着。钻头可不是一种因一直朝着一个方向旋转而朝下钻的螺旋形开瓶器般的工具，而是一种套针，首先是咬啃，之后轮流朝着一个方向和另一个方向磨蚀，慢慢朝下扎去。

我们先介绍一个意外事件再接着说下去，它太吸引人了，不可以避开不谈。我好几次意外发现这种钻工在自己的工地上死去。死者的姿态很奇怪，假如死亡不是什么严重的事，特别是当它是意外发生的工伤事件的话，那各种各样的死亡姿态是会使人<u>忍俊不禁</u>的。插在橡栗上的探杆尖已然开始工作了，在钻杆这个要害的尖桩的顶部，象态橡栗象九十度地垂悬于空中，远远地离开每个支撑面。它早就干瘪了，也不晓得死了有几天了。爪子硬了，缩在肚腹底下。哪怕这么多虫爪如活着时一般自如而又能伸长的话，它们基本也不会犯得着挂橡栗的枝丫的。到底忽然出了什么事，将可怜的橡栗象身体刺穿，就像咱把所收到的标本的脑袋用大头针钉住一样？

原来是发生了一起工伤事故。因为钻杆过长，象态橡栗象开始干活时是用后腿站立的。假如这笨拙的钻工忽然脚下一滑，两只抓斗一时间没能抓住，身子就马上离开橡栗，被微弯的钻杆这样一弹就抛了出去。由于开始干活儿时，不得不让钻杆稍弯得多一点以便钻探，因此，它就被远远地抛离橡栗工地，徒劳地在空中使劲挣脱，它的跗骨——救命的钻头找不着一丁点能够抓附的东西。它因没任何支点以脱离险境，最后声嘶力竭地死在长钻杆的顶部。就像我们工厂里的工人们一般，象态橡栗象有时也是自己机器的受害者。让我们祝它们好运，穿上牢固的黏性鞋套谨慎工作不会滑倒。我们再接着介绍吧。

这一回，运转良好的机械出乎寻常地慢，因此往下钻探的状况用放大镜观看也看不见钻了多少。

词语解释

忍俊不禁：忍俊，含笑；不禁，无法控制自己。指忍不住要发笑。

可象态橡栗象一直在钻探，歇息一下，马上又干起来。一小时、两小时过了，全神贯注的我紧张而疲惫，因为我非得要看一看那重要时刻的工作情形：象态橡栗象拿回钻杆，返过来把卵放到井口。这样我基本可以预料事情的开展状况。两小时过了，我已然没有了耐心，我与家人商量，家中的三个人轮流值班，不间歇地看着执着的象态橡栗象。为了知道它的机密我不顾一切。我多亏找了帮手，他们专注地帮我认真观察。接连不断地观察了八小时以后，接近夜色来临时分，监视哨在喊我。象态橡栗象看来已经干完活儿了。它的确在往后撤，认真细心地在抽回钻杆，害怕把它弄断了。钻具抽出来了，又直直地伸向了前面。那一刻到了。啊！没到呢，我再一次被欺骗了。我那一轮一轮的八小时值班监视没得到结果。象态橡栗象走了，没利用自己钻探的成果便抛弃了那个橡栗。没错，我确实有理由质疑自己在树林里所看到的结果。在绿橡树中，兼受烈日的炙烤，<u>一丝不苟</u>地等候，简直是一种无可忍受的酷刑。整个10月，必要时求助手们帮忙，我查看了没被下卵的许多钻井。长短不一的观察时间基本要两个小时，甚至超过半天。为何要钻这么多既劳体费财又不下卵的井呢？我们首先了解一下虫卵的位置以及幼虫最初几口食物的状况，也许就有答案了。

　　那些住有象态橡栗象卵的橡栗是在树上挂着，在橡栗壳里嵌着，好像没有发生一点有损于绒毛叶的不正常事情。稍加注意，你很轻易地就可以分辨出它们来。在距栗壳斗不远处的滑溜而仍绿绿的外壳上，可看到一个小点，确系一灵巧的针所刺。因为坏死而产生的一个窄窄的褐色乳晕很快就把这个小孔洞围绕起来，那便是钻井口。另外还有几回并不常见，洞穴是穿过壳斗钻出来的。

词语解释

一丝不苟：苟，苟且，马虎。指做事认真细致，一点儿不马虎。

咱们挑选那些新近钻孔的橡栗，也就是那些白白针孔还没因天长日久由褐色乳晕围起来的橡栗。我们剥掉它们的壳没看到一点东西：象态橡栗象钻探了它们，但没有在那里产卵。它们像我网罩里的那些橡栗一般，被钻了好几个小时，但并没有利用，有很多里面有一只卵。

不论壳斗上面的井口有多远，这只卵一直在井底待着，在一堆绒毛叶那里。那里有软嫩的绒呢，是由壳斗给予的，被滋养品源泉——叶柄的渗液所浸润。我看到一条好小的象态橡栗象的幼虫，是我亲眼看着它孵出来的，它开始几口是很小心地咬那些用丹宁酸调了味儿的絮状的新鲜面包。

仅有那儿才有这种仿佛新生有机物一样多汁、易消化的小糕点，而象态橡栗象也只是在那儿，在壳斗和绒毛叶之间放着自己的卵。象态橡栗象非常清楚最合适其新生儿那软弱的胃的食物在哪儿。

上面是相对较粗糙的绒毛叶面包。幼虫在前几小时的餐厅里恢复了体力，之后并不是直接地，而是随其母用探针掏开的狭道钻入面包房，狭道中满是面包屑和吃了一半的残渣。吃了这样沿路准备的有点粗糙的爽口面包屑，力气大增，于是就完全钻入橡栗那硬硬的果肉中去了。

产卵的象态橡栗象是怎样干活儿的，已然可以用所掌握的这些状况解释了。在钻探以前，它在各个方向和部位认真地又查又看，此时它的目的是什么？它是在了解这个橡栗是不是早就被占领了。果然，食橱很美，可两个人吃就不怎么够了。我的确还从没发觉有两只虫子在同一个橡栗中的。仅有一只，一直都仅有一只。这一只在丰盛的食物吃完，消化以后把食物转换成橄榄绿色的小球球之后，从橡栗离开，来到地上。绒毛叶面包剩这么一丁点儿的面包屑已经是最多的了，原则是：每只象态橡栗

词语解释

丹宁酸：黄色或淡棕色轻质无晶性粉末或鳞片；有特异微臭，味极涩。既是一种强的固定剂，能固定许多蛋白以及糖类衍生物，又是一种媒染剂，能增强对重金属（如铀、铅）的吸收，从而增强样品反差，特别是细胞外膜、弹性纤维、细胞连接、肌肉纤维等。

象都有自己的圆形大面包,每个消费者都有自己的一份橡栗口粮。

把卵安放进去以前,先得查看一番,看看这个橡栗是不是被占领了。也许存在的那个占领者在这个地下墓穴的底端,由全是鳞片的壳斗掩盖着。这个狭小的隐身处无一点秘密可言。可是,假如橡栗外表没有那细细的针眼,再好的眼睛也猜不透里面躲着一位隐居者。

这个小点不显眼,但细心能辨别出来,它便是我的向导。有它在,我便晓得橡栗有主儿了,或最低,是被进行过与产卵相关的试验;它不存在,我就相信这个橡栗还没被任何人占领。毋庸置疑,这种情形也被象态橡栗象以相同的方式得知了。

我眼光敏锐,警觉细心地察觉着这一切,假如有必要就会用到放大镜。我将观察对象拿在手里弄来弄去地看那么一段时间,情况就明明白白了。可它,这个视力不好的象态橡栗象观察者,却必须到处查来查去,最后才准确地找到那个可以证实的小孔。换句话说,它这是家族利益在逼迫它小心再小心,可我仅是好奇而为之。因而,它对橡栗的检查是极费功夫的。

橡栗只要被确定完好无缺,这就可以了。钻头在朝下钻,一干便是数个小时。之后,有好几次,象态橡栗象对自己的活计不顾一眼地离开了,钻探完了没立即产卵。这样尽力地干了如此久又有什么用呢?它仅是为了喝水解渴、恢复体力才这样找一个橡栗随便钻钻吗?它嘴上的吸管会下达井底深处,在满意的地方吸了几口富有营养的饮料了吗?它忙得不知疲倦就是为了个人糊口吗?

一开始我是这么认为的,它为了一大口饮料而这样坚持不懈使我颇觉震惊。可是,雄性象态橡栗象的情形告诉了我实情,我就丢下了这一想法。雄

同步思考

象态橡栗象忙得不知疲倦是为了什么?

性象态橡栗象也同样长有长嘴，关键时也可以钻出一口井来，可我从没见到过雄性象态橡栗象伏在一个橡栗上面，咔嚓咔嚓地掘井的。为何要这样用尽全力呢？只要一点吃的便可以养活这些控制饮食的昆虫了。用长鼻尖端微微刺破一张嫩叶，就足以维持它们的生命了。

假如说它们这些无所事事的，不忧虑吃喝的雄虫没太多需要的话，那么那些忙于产卵的雌性又是怎么回事呢？它们有时间又吃又喝吗？不，被钻了孔的橡栗可不是一个小酒馆，任你在那儿不停地喝个够。长嘴伸进橡栗喝了这么一小口那倒有可能，可这些细小的碎屑是否是它的初衷呢？真正目的我想已然隐约出现了。我之前说了，卵一直置于橡栗底端，在一部分由叶柄渗出的液汁浸湿的絮状物中间。幼虫刚孵出时，还啃不动坚硬的绒毛叶，仅能咬壳底柔软的毛毡，以它的液汁为餐。

可是，随着橡栗慢慢长大，这个蛋糕也就变为硬硬的了，味道以及液汁的量都跟着有所改变。柔软转为坚硬了，湿润的部分干燥了。在一个期间，新生儿所要的舒适要求是极苛刻的。早之一分则条件没达到要求，晚之一分，则条件过于成熟了。

在外面，在橡栗的绿壳上，这样内部厨房的烹饪状况压根儿显现不出。为了不让幼虫吃不恰当的食物，做妈妈的仅是从外部查看了橡栗而不太了解情况，只好自己提前用长鼻尖端试尝粮库底端的粮食。

妈妈在喂婴儿喝粥以前，都先用嘴唇去试探粥的冷热。雌性象态橡栗象也是以同样的慈母心这么去对待自己的孩子。它把长鼻尖端伸到井底深的地方，看看里面的食物情况，之后再留给自己的幼虫。假如井底食物符合它的要求，它便将卵产下来；假如食物不能得到认可，它就不会多向下钻探，弃之离开。这就能够说明为何它钻了大半天而弃之不用的原因了。那是由于再钻下去也毫无用处，井底的食物经过认真鉴定不满足要求。这些象态橡栗象为了自己孩子的第一口食物是如此心细如针、追寻完美啊！

把新生儿放在可以找到多汁而柔软的、便于消化食物的地方，这些仔细挑选的妈妈还不满意，它们的关心照料还不止于此。一个折中的办法可能有用，就是使小幼虫从最先的吃软糕点改成吃硬面包。这个中间办法就在妈妈钻出的那个坑道里。那儿有一点碎渣，是长嘴上的切刀切碎了的。此外，坑道内壁坏损、变软，比别的东西更合适新生儿娇滴滴的颚。在啃咬绒毛叶以前，幼虫确实是先钻到这个坑道的。它以沿途找到的粗面粉为食物；它收到悬在壁上的褐色微粒；最终，它已完全健壮，就捅破果仁那圆形大面包，钻到里边去，消失了踪影。胃已锻炼好了，剩下的就是放开肚皮去吃了。为达到初生婴儿的需求，这种管状婴儿哺乳室该有一定的长度。因而，做妈妈的就用那把钻不知疲倦地干活儿。假如探测仅是局限于品尝一下食物，知道橡栗底部的成熟度的话，操作便会简单得多，只需透过外壳在这块底端不远的地方进行就好了。这一点象态橡栗象并不是不知晓，我有时也发觉象态橡栗象正在对硬硬的外壳这样做。

我从中见到的仅是忙于了解状况的产妇的一种试验。假如橡栗合用，钻探就将在稍高处，从壳斗外面再次开始。当卵应当产下时，按惯例的确是钻橡栗，尽最大可能地在高的地方，只要钻杆够长就可以。

用了大半天时间还不能完工的那个长钻洞是怎么回事呢？它为何这样<u>持之以恒</u>地干？就在距叶柄不远的地方，少用很多时间和少很多劳累，钻头就能够钻到那个心目中的地方，那个新生幼虫得以喝

词语解释
持之以恒：持，坚持；恒，恒心。长久坚持下去。

的泉水。做妈妈的这样费心费力，劳累不堪自有理由：它这样做能够到达橡栗底端那理想之地，以这样的方法得到最好的效果，可以替自己的孩子预备好一个吃不尽的面粉口袋。

这是些不值得一提的事！不，对不住，这可是一些大事呀，这是在告知我们象态橡栗象在储备最不值一提的东西时的细致到位，向我们证实了一种调整细枝末节的高级逻辑。

象态橡栗象是一个伟大的教育家，它有自己的好见解，值得敬重。这起码是乌鸫的看法，乌鸫一到秋季快结束的时候，浆果变得短缺时，便美美地拿这种长嘴昆虫充饥。虽说不够塞牙缝的，但味道鲜美，没有未被酷寒冻坏的橄榄那样的苦涩。

假如没有乌鸫和它的竞争对手的话，春天树木苏醒时会变成一幅什么景象呀！哪怕人因自己所做的傻事而从地球上消失了，乌鸫用它鸣唱来庆祝万物复苏也一样是隆重庄严的。

除了满足森林欢乐之鸟——乌鸫的朵颐而值得夸赞外，象态橡栗象还有其他功用——调节植物的无规律生长。就像所有真正名正言顺的强者一般，橡树是个阔气大度者，它大批地供给橡栗。大地怎样解决如此多的橡栗呢？森林缺少空间就会无法呼吸，树木太多就危害整个森林。

但是，鉴于食物多，忙于维持生态平衡的消费者从各个地方纷纷涌来，田鼠这个原住者在一堆碎石中，在它的草料床垫旁储藏起橡栗来。松鸦这种外来户也不晓得是怎样得到消息的，一批一批地从远处飞来。一连数个星期，它们一个一个地对橡树大加叼啄，还如被捏住的猫一样呱呱嚷着来表现自己的快乐，任务结束后，就返回自己北方的故乡。

象态橡栗象动手要比大家早很多。它将卵生在还十分青的橡栗里。如今，橡栗落在地上，提早变

> **词语解释**
>
> 乌鸫：鸫科。鸫属鸟类，分布在欧洲、非洲、亚洲和中国，是杂食性鸟类。雄性的乌鸫除了黄色的眼圈和喙外，全身都是黑色。雌性和刚生的乌鸫无黄色的眼圈，但有一身褐色的毛和喙。乌鸫是瑞典国鸟。

为褐色，还被钻了圆孔，象态橡栗象幼虫吃掉了橡栗里的食物就从这个小圆孔里爬出来。仅一棵橡树下，很轻易地就可以捡满一篮子这样被掏光的橡栗。在清除过剩物资方面，象态科昆虫远比松鸦和田鼠厉害。

人们为了养猪也十分快地来到这儿。在我们村子，当市镇击鼓读取公告的人宣布某日为在市镇树林里摘取橡栗的启动日时，那可是件大事。头一天，最来劲儿的人就先行跑去查找地点，为自己选好最好位置。第二天，天刚刚亮，全家人就都跑往选好的地方。父亲用长竹竿敲打高处的树枝；妈妈围着麻布大裙子，进到林子深的地方，采摘手可以够得着的橡栗；孩子们则拾取落在地上的。装满一篮又一篮后倒在筐里、装进大布袋里。

继田鼠、松鸦、象虫和其他很多动物之后，现在又轮到人快乐了，他们在算计着这么多橡栗可以养壮多少头猪。可是，一份快乐之中也蕴含一丝遗憾，就是面前如此多的橡栗掉落在地上，个个都被钻了孔，被浪费了，一丁点作用也没有了，因此人们就对造成这种损害的肇事者咒骂起来。听他们的言辞，似乎森林仅为他们而生，好像橡树仅是为喂饱他们猪的胃才存在的。

我想告知这些人，守林人对犯轻罪者是相对宽松的，而这么做是十分好的，由于人很自私，在获得橡栗中看见的仅是猪长肉、肉做汤，这种态度后果是严重的。橡栗在邀请大家全都来用它的果实，而我们人分得了它的最多份额，由于我们是最厉害的动物，那是我们仅有的权利。但是，在不一样的消费者中开展平衡分配，这是高过全部的大原则。在这个世界上，大家不管强弱都各有自己的作用。假如说乌鸫为万物苏醒而快乐，鸣唱是很好的事的话，我们也不要想着橡栗被蛀空是件不好的事。蛀

嵌记妙语

法布尔在此纠正了一个观点，森林的果实不是仅仅为人类而存在的。

嵌记妙语

辩证而全面地看待问题事情会变得美好。

坏的橡栗是在为鸟儿预备饭后甜食啊，象态橡栗象肉味鲜美，可以让鸟儿臀肥歌美。

就随乌鸫去唱歌吧。我们还是回头来说象虫科昆虫的卵。我们晓得卵所在处：橡栗底端，在非常嫩美多汁的果仁里。它是如何进到那里的，那里距壳斗边缘上方的门口可是相当远的，这的确是个小小的疑问，甚至可以说是幼稚的问题。但也别对它置之不理，因为科学常常是由一些幼稚可笑的事件组成的。

第一个用一块琥珀在衣袖间摩擦，之后就知道这块琥珀可以吸麦秸的人，肯定猜想不到我们如今的电的神秘。他仅是在天真地自得其乐罢了。可这样的儿童游戏经过多次地做，以各式各样的方式探索以后，就转变为了世界上的最强力量之一。

观察者不应忽略一丁点细枝末节，因为永远也不可能知晓从最微不足道的事物中会发生什么。因而，我再次对自己提出了这个问题：象态橡栗象是通过什么方式在离入口那么远的地方住下来的？

对尚不知晓卵的位置但可能知道幼虫首先是从其底部咬吃橡栗的人而言，答案也许是这样的：卵产在管道的入口，在表面的地方，幼虫在妈妈钻好的坑道里蠕动，爬到储存幼儿食物的那个偏僻地方。

在掌握足够的资料之前，我也是这么想的，但是我很快发现这种想法是不对的。当产妇把腹尖贴在刚用钻杆钻出的孔口离开不久，我就摘下了这个橡栗。卵仿佛应该就在那儿，在入口处，紧贴表面的方位……可并非这样，那儿并没有卵，卵在坑道的另一头。假如我大胆假设的话，卵是像一块石头一样掉进坑底的。

我们还是赶紧抛开这种愚蠢的想法吧！坑道非常狭窄，又堆满锉屑一样的东西，如此直接掉下去是不可能的。再说，依据叶柄那直的或颠倒的方位，

词语解释

锉屑：锉削时磨掉的材料碎片或颗粒。

在一个橡栗里下落便会在另一个橡栗里上升。

　　第二种解释一样大胆。我在思考：布谷鸟在草地里寻找任何位置下蛋，而后用嘴把蛋叼起，放到黄莺的小小的窝里去。象态橡栗象会不会用的也是相似的法子呢？它会不会用它的长喙把它的卵输送到橡栗底部去呢？我看不到它身上还有别的什么工具能够达到此深洞的底部。然而，我们还是赶紧抛开因想不出道理来而产生的这种怪诞的解释吧。象态橡栗象是从来不会公开地产下卵，而后再去用喙咬住它的。如果它这样做的话，在狭窄又堵塞的坑道里把那娇弱的卵往下放时肯定会被挤压，肯定活不了。

　　我觉得尴尬万分，对象态橡栗象的身体结构非常有研究的任何一位读者都会持有这样的尴尬。蚱蜢拥有一把大刀，那是其产卵的工具，可以把卵输送到地下它所希望的深处去；褶翅小蜂配有一个探头，可以钻穿石蜂建成的水泥建筑，把自己的卵放置到后者半睡半醒的胖幼虫的茧内去。但象态橡栗象却没有这种短剑、匕首，它的腹部什么都没有，一定没有。然而，它只需要把腹尖贴在井的狭小的孔眼上，就能立即把卵输送到橡栗底部去。

　　我们将用解剖的方法得到其他办法无法获知的谜底。我解剖开象态橡栗象产妇，展现在眼前的景象使我瞠目结舌，那儿有一台古怪的机器，一根硬硬的棕红色尖头桩，和身体一样长，我感觉像是一个喙，原因是它与头部的喙很类似。那只是一根管子，细的像毛发，尖端稍微张开，形状像榴弹发射筒，始端鼓起来，呈现卵形泡状。

　　这就是和钻孔器大小粗细相似的产卵工具。钻孔喙钻到哪里，这个内喙——卵探测器就可下到哪儿。正当产妇在橡栗上下钻时，它选用攻击点就必须让这两个相辅相成的工具都可以到达理想的地

> **词语解释**
>
> 瞠目结舌：瞠，瞪着眼；结舌，说不出话来。瞪着眼睛说不出话来。形容窘困或惊呆的样子。

点——果仁底部。别的就不言而喻了，产妇的手摇曲柄钻完工后，坑道也完成，它就回转身来，把腹部末端紧贴在那钻孔上。然后，它把剑拔出来，内喙突露出来，毫不困难地钻入锉屑阻塞的坑道。指引探头上什么都没有显露，因为它运转得敏捷又小心。卵安置好后，这个工具渐渐回收，缩回到腹内，一样是滴水不漏。大功告成，产妇离开，但我们却一点也未看出它的破绽。我强调坚持是有缘由的吧。一个从表面看来无足轻重的情形刚刚以毋庸置疑的方式告诉我菊花象使人狐疑的地方。长吻管象虫拥有一个内探头，一个外部没有任何痕迹的腹部喙。它们在其腹部秘密处藏有像蚱蜢和姬蜂的刺刀般的工具。

豌豆象

本章内容精简概括

法布尔为了观察豌豆象特意在黄石院中播种了几垄豌豆秧。豌豆象在法国梧桐的枯皮下度过寒冬腊月后，5月便按时前来，这是它们的生物钟在通知它们。它们安营扎寨在长有蝴蝶白翅膀般的花的旗瓣上，另有一些则藏在龙骨瓣的小盒子里。还有一些数量较多，盘于花序中吮吸着，产卵时刻尚未到来。

豌豆象妈妈是多产的，在5月末它开始产卵，产下一个卵后就弃之不顾了。豌豆象妈妈从来不限制自己的产卵数，无论粮食多么瘪，上面都有大量的卵。豌豆象妈妈的卵常常是成对的，一个卵在上另一个在下，而往往是上面的那个卵得以孵化，而下面的那个则干瘪至死，偶尔也会有例外。

法布尔通过实验了解到共居一处的豌豆象的生长发育状况，发现它们向目标爬行的路程充满艰辛，它们的牙齿更多的是用来开辟道路，幼虫中居于豆粒中心位置的那一只发育得比其他的幼虫要快，当它稍稍比自己的竞争对手们个头儿大一点点时，后者便全都停止进食，然后静静地死去。

  关于豌豆象在豌豆里面的生活状况，法布尔又做了多次实验进行研究。它们生长过程中的天敌，对人类造成的危害以及8月里在豌豆上挖出舱口，9月出入口畅通无阻，寒冬来临便寻找避难所……法布尔从中得到了属于自己的最大乐趣，斥责缺乏信仰的人：谁告诉你今天没有用的东西明天就不是有用的？弄清楚了昆虫的习性，我们便能更好地保护我们的财富。

菜豆象

本章内容精简概括

菜豆有太多的优点，以至于当地的人们从来没有见到有菜豆受到任何昆虫科的掠夺者侵害。

法布尔看见过有象虫科昆虫光临过菜豆但从未伤害过它，也曾向农民邻居询问，又查考相关书籍，都没有发现菜豆有昆虫的侵犯。在这种观点即将形成定论的时候，法布尔收到了朋友的一本小册子，得知这种珍贵的种子源自美洲，来到本地它们并没有消费者。

后来，法布尔的一些朋友从马雅内寄来一斗受到严重蛀蚀的菜豆，这些豆子里蠕动着数以千计的象虫。

6月中旬，正是研究菜豆象的时候，法布尔展开了试验。整个收获季节里，他多次适时地把一窝窝菜豆象放进绿叶丛里，直至最后也没发现一只有虫子占据的豆荚，甚至连一只在植物上驻足的象虫都没看见。连连失败的法布尔并未中断监视，后来他发现，菜豆象喜欢彻底成熟的、硬邦邦的、经太阳长时间照射而晒干了的豆荚，菜豆象找到了自己中意的东西，便在上面将卵产下来。刚孵化出来的幼虫也会钻透又皱又硬的豆荚触及豆粒。令法布尔意想不到的是，它们会毫不迟疑地去吃干豌豆、蚕豆等这些饱满的豆子，法布尔感叹这种美洲来的象虫科昆虫真是个恐怖的侵害者！

　　菜豆象妈妈产卵没有次序，也没有任何选择。它的卵呈白色，是小圆柱形，孵化出来的幼虫首先会令大颚比原来更有力，因为它要使用这一工具在坚硬的种子上钻孔。菜豆虫的繁殖频率是相当惊人的，在一年之内会有好几代。这样下去，给人们造成的后果不堪设想。

金步甲的婚俗

  金步甲和毛虫是天敌，这是众所周知的事，所以它无愧于那园丁的美誉。它是菜园以及花坛的警惕的田野守卫。倘若说我的研究在这方面没办法为它那<u>久负盛名</u>的美誉增加点什么的话，那我至少可以从以下的介绍中向大家展示这种昆虫尚不为人知的一面。它是个残暴的吞食者，任何力量不如它的昆虫都把它当作魔鬼，然而它有时也会遭遇灭顶之灾。是谁把它吃掉的呢？是它自己和许多别的昆虫。一天，我碰到一只金步甲仓皇地从我家门前的梧桐树下爬过。朝圣者是受人喜欢的，它将会使笼中居民增强团结。我把它逮住后，发觉它的鞘翅末端受到损伤。是争风吃醋遗留下的伤痕吗？我看不出有任何这方面的迹象，关键是它不可能伤得太严重。我细致地查看一番，看不到任何伤残可以加以利用，便将它和那二十五只常住居民一起放入玻璃屋中。第二天，我去查验这个新寄宿者，它死了。在昨天夜里，它被同室里的居民攻击以致死亡，那残缺的鞘翅没有保护好肚腹，对方将其掏空了。破腹手术干净利落，并未伤到一点肢体。爪子、脑袋、胸部

> **词语解释**
>
> 久负盛名：负，承受，承担，引申为享有。长时期地享有好的名声。

词语解释

约定俗成：指事物的名称或社会习惯往往是由人民群众经过长期社会实践而确定或形成的。

嵌记妙语

弱肉强食在微小的昆虫世界同样适用。

全部完好无损，只是肚子被开膛，内脏被掏光。我所看到的是一副金色壳架，被双鞘翅合拢护着。就算是那被掏空了所有软体组织的牡蛎，也不会像它那样干净。这种结果着实让我感到惊奇，因为我一直十分注意查看，不让笼子里的食物短缺。蜗牛、鳃角金龟、螳螂、蚯蚓、毛虫和其他可口的食物，我是换着方式放入玻璃屋中的，并且有足够的分量。我的这些金步甲就这样吞食掉一个身体受伤、很容易被袭击的同胞，这是很难拿饥饿难耐所致充当借口的。

它们之间有没有<u>约定俗成</u>，伤者必须被了结，它那即将变质的内脏必须被掏空？<u>昆虫世界里并没有同情可言。面对这个只可以挣扎，沦落于绝望的受害者，它的同胞们并没有在此逗留，没有谁会尝试前去帮它一下。</u>在食肉者之间事情也许会变得更加凄惨。有时，一些过往者目光会投向伤残者。是为了给它慰藉吗？并不是这样，它们的目的是想尝尝它的味道，而且如果它们觉得味道鲜美，那它只有被吃掉，这样一来便可以完全解除它的痛苦。

当时，有可能是那只鞘翅受伤的金步甲暴露了它受损害的部位，同伴们受到了引诱，将这个受伤的同胞看作一只可以开膛破肚的猎物。但是，倘若刚开始并没有谁受伤，那它们之间是否会相互尊重呢？各种现象表明，刚开始，相互之间还是相安无事的。吃食时，金步甲们之间也从没有争斗过，最多就是从彼此嘴中夺食而已。它们躲在木板下午睡，并且睡得很久，也从未有过打斗。我那二十五只金步甲把身子半埋在凉快的泥土里，安详地消食、打盹儿，彼此离得不远，各睡各的小坑。假如我把遮阴板拿掉，它们立即会惊醒、四下逃跑，时常相互撞到，却不会相互争斗。

这种安详平静的气氛仿佛会一直这样延续下

去，但是在天气炎热的6月那阵，我有一回观察发现一只金步甲死了。它并未被肢解，同金色贝壳一样，就如同刚才被吞食的那只伤残者的样子，使人想象到一只被掏干净的牡蛎。我详细查看了残骸，除去腹部开了个大洞，别的部位完好无损。由此可以看出，在其余的金步甲把它掏空时，它们这只受伤的同胞那时的状态没有什么反常。过了几天，又有一只金步甲被残害，和之前那只的死法相同，护甲也都是完好无损。将死者腹部朝下放好，它好像依旧是好好的。而让它背朝下的话，它就只是一只空壳，壳内没有一点肉。没过多久，又见到一具残骸，接着是一只连着一只，越来越多，导致笼中居民数量迅速减少。如果让这种自相残杀继续下去，我的笼子中没多长时间就会什么也没有了。

　　我的金步甲们是因为老了没能量自然死去后才被幸运活着的同伴们分取尸体呢，还是牺牲好好的同类只为了缩减人口呢？想要将这弄个一清二楚也不是那么简单的事，因为这些掏胸挖肺的事情都在晚上发生。可是，我由于时刻关注着，终于在白天碰到了两次这类大开膛。

　　大约到了6月中旬时，我亲眼看见了一只雌金步甲正在折磨另一只雄金步甲的场景。后者体形微小，一看就知道是雄的。手术启动了，雌性攻击者微微掀开雄金步甲的鞘翅尾部，从后面咬住被害者的肚腹尾部。它玩命地既拽又咬。被害者精力旺盛，可不反击，也不转动身子。它仅是尽量在朝反方向挣脱，以摆开攻击者那可怕的齿钩，只见它被攻击者拖得一时进一时退的，但看不见有其他一点抵抗。搏斗僵持了一刻钟，几只路过的金步甲忽然而至，歇息脚步，似乎在想："一会儿就该我上场了。"后来，那只雄金步甲使出全身力气摆脱开来，逃之大吉。能够断定，假如它没有挣脱逃走的话，那它肯定就被那只残忍的雌金步甲开膛了。

之后几天，我在此看到一个相似的场景，可结局倒是完满的。依旧是一只雌性金步甲从后面咬一只雄性金步甲。被咬者什么抵抗也没有，仅是白费地在挣扎，以达到解脱。之后，皮破肉裂，伤口加大，内脏被悍妇挖出吞掉。那悍妇将头钻进它同伴的肚子里，将它掏空。不幸的被害者爪子一阵颤抖，证明小命已完矣。刽子手却没因此心软。依旧尽量地向腹部深的地方掏挖。死者最终只剩下了合抱成小吊篮一样的鞘翅和那依旧连在一起的上半身，其他的就什么也没有了。刽子手把掏得一干二净的空壳扔在了原地。

金步甲们特别是雄性大致就是如此死去的，我经常在笼子里看到它们的残躯。幸存者大概也会这么死去。从6月中旬至8月1日，最先前的二十五个居民消减至五只雌性金步甲了。二十只雄性全都被开了膛，掏个一干二净。是谁这样残忍地干了这些呢？看上去似乎是雌金步甲干的。

首先，我亲身目击，完全可以证明。我两次在白天看到雌金步甲把雄的在鞘翅下开膛后吞掉，但最初一次开膛没得逞。至于其他的残杀，假若说我没有亲眼所见的话，我却有一个很有说服力的证据。大家方才全看到了：被抓的雄金步甲没有一点自卫和反击，仅是玩命地挣脱、逃亡。假如这仅是平常生活里对手之间的小打小闹，那被攻击者明显会翻转身子的，它完全可能这样做。它只须把身子转过来，就可回击攻击者，双倍奉还。它身体强壮，能够搏斗，完全能够占据上风，但这傻瓜却任凭对手肆意妄为地咬自己的屁股。好像是一种无法压制的厌恶在制止它改守为攻，也去咬一下正在咬自己的雌金步甲。它的这种厚道使人想到了狼格多克蝎，一次婚礼过后，雄蝎就任它的新娘吞掉自己而不用

同步思考

为什么笼子里最后只剩下雌性，而雄性全部被开了膛，掏个一干二净？

词语解释

肆意妄为：肆，胡乱，非分的，出了常规的；妄，胡作非为。指不顾一切由着自己的性子胡作非为。亦作"肆意妄行"。

它那根能够毒害恶妇的毒螯针反击。这种宽厚包容也让我回忆起那个雌螳螂的情夫，尽管有时被咬得只剩一截了，依然毫不丧气地在完成自己那没完成的事业，最终被一口口地吞掉而不做一丝反击。<u>这就是婚俗使然，雄性对此没有一点怨言。</u>

> **同步思考**
> 这些昆虫为什么会有这种奇特的婚俗？雄性为何没有一点怨言？

这些被我关在笼子里的雄性金步甲，一个个地被开了膛，无一个幸存下来，这也在告知我们同样的习性，它们是对交尾觉得满足的雌性伴侣的牺牲品。从4月至8月这四个月里，天天都有雌雄配对，有时是半途而废，有的或者说最多的时候是有意义的结合。对于这些有着火热性格的东西来讲，这肯定是还没结束的。

金步甲在情爱这方面快速利落。在大家眼底下，一只走过的雄金步甲不需要酝酿情感，就向一眼看到的雌金步甲扑去。雌金步甲被狠狠搂住，稍稍昂起头来，表示允许，而在它上面的雄金步甲就用触角尖端击打对方的脖和颈。瞬间就交配结束，双方马上分开，各自跑开去吃蜗牛，之后又各自另找新欢、再结良缘，对于雌金步甲而言，只要有雄金步甲可资利用就可。对于金步甲来讲，生活的意义就在这里。

在我养的金步甲天地里，男女比例严重失衡，五只雌的对二十只雄的。不过这无关紧要，没有发生什么争风吃醋的战斗。雄性和平地享有、交配遇上的雌性。有了这种协作精神，早一时晚一时，机会总会有的，经过多次相遇试探，每个雄性都能发泄自己的欲火。

我原本想让雌雄比例趋于协调的，但是纯属偶然造成了这种比例失调。初春时分，我在旁边石头下捕捉遇到的所有金步甲，不管是雄是雌，而且仅从外表特征上是很难分辨出雌雄来的。后来，把它们放在笼子里喂养后，我弄明白了，雌性很明显比雄性的要多一些。因此，我那金步甲园地里雌雄比例的失调确实是偶然结果。可以想象：在自然环境下雄性是不会比雌性多出如此之多的。再说，在自由状态下，不可能会有这么多金步甲都在一块石头下面。金步甲大多是单独活动的，极少能发现两三只金步甲在同一个地方出现。我的笼子里一下有这么多的金步甲确实是个特别，而且还未导致争斗。玻璃屋中地方很大，足够它们活动时来去自如，悠闲自在。想独处就独处，想找个伴时随时就能找到。另外，这笼中困禁的日子并没有使它们觉得有多不安，看它们一直在海吃海喝，还每天不停地寻欢交尾，就充分证明了这点。在野地里倒是自由自在，但却没这么舒服，也许还不如在笼子里，因为野地里食物没有笼子里那么丰富。在安逸方面，囚徒们也都处在正常状态，笼子完全满足了它们的生活习惯。

只不过同类相遇的机会在笼子里比在野地里多。这对雌性来说或许是个难得的机会，它们可以随意加害自己厌倦的雄性，可以咬雄性的屁股，将它们的内脏挖空。这种杀害自己旧欢的状况因比邻而居加剧了，不过肯定没有就此便花样翻新，因为这种习性并不是一时兴起而来的。

交尾一结束，在野外遇见雄性的雌金步甲就会把对方当成猎物，将它咬碎，以结束婚姻。我在野地里翻过不少石头，不过从没有见到过如此情形，但这并不重要，我笼子里见到的情况就足以让我对此<u>深信不疑</u>了。金步甲的园地是如此的冷酷无情，一个悍妇只要自己有了身孕而不再需要情人时就吃掉后者！雄性被生殖法规当作何物呢，竟然如此残忍地对待它们？

这种交尾过后便同类相残的现象是否是普遍现象呢？就现在来看，我已经了解的昆虫中有三种就

词语解释
深信不疑：非常相信，没有一点怀疑。

存在这种现象：螳螂、朗格多克蝎和金步甲。在飞蝗这个家族中，情况没有这么残忍，因为被吃掉的雄性是已经死了的而不是活着的。白额雌螽斯非常愿意一点一点地嚼已经死去的雄性的大腿，绿蚱蜢的情况也是这样。

这种情况在一定程度上和饮食习惯有关：白额螽斯和绿蚱蜢首先都是肉食者。遇到一个同类尸体，雌虫总是要或多或少咬上几口的，不论它是不是其昨夜旧欢。猎物就是猎物，没有什么旧欢不旧欢的。

但是某些素食者也存在这种情况，这到底是怎么回事呢？产卵期临近的时候，雌性螽斯竟然对它那还健健康康的雄性同伴下手，撕开情郎的肚子，大吃一顿，直到吃饱为止。一向温柔可爱的雌性蟋蟀性情会突然变得残暴，会把刚刚还给它演奏动情小夜曲的雄性蟋蟀扑倒在地，撕咬其翅膀，打碎它的小乐器，甚至还对乐器咬上几口。所以，极有可能这种雌性在交尾之后对雄性大开杀戒的场景是十分常见的，特别是在食肉昆虫中间。它们这种残酷的习性到底是由什么原因造成的呢？如果条件具备的话我一定会将它弄个水落石出。

松树鳃角金龟

本章内容精简概括

松树鳃角金龟的正式名称为"缩绒鳃角金龟"。"fullo"(缩绒)一词的拉丁文语意为"fullon"(缩绒工)。

老博物学家普林尼在其著作中用 fullo 给一种昆虫命了名。书中有一篇谈到了一些治疗黄疸、发烧、水肿的药方。书中记载,将缩绒金龟子一分为二,一半贴于右臂,另一半贴于左臂。这样的治疗方法使得法布尔感到毛骨悚然。

法布尔并不是十分清楚这位古博物家所说的缩绒金龟子到底是什么,就连普林尼本人好像也不是十分确定。许多年来这个奇怪的称呼流传下来,博学们接受了它,法布尔也对它非常尊敬,但并不喜爱这个术语,认为把它用在这里太不合常理,应该给它起名为松树鳃角金龟,以纪念它所成长的圣地一棵钟情的松树。

松树鳃角金龟的背部呈黑色或栗色,其上散布着一层厚厚的散花白绒点,服饰朴实大方。雄性以短须尖上的七片重叠大叶片作为头饰,这也是它高灵敏度的感官。雌性松树鳃角金龟的感官却不如雄性灵敏，它的触须头饰很小，由六片小叶片组成。雄性松树鳃角金龟到了寻偶求欢之时它们会全力以赴地发挥头饰的作用挑逗异性，以求得逞。

  麦子一片黄灿灿的时候，漂亮的鳃角金龟常会按时爬到自己的树上去。在黄昏成对的它们开始嬉戏调情，一直会延续到夜色凝重，在白日则对自己周围的所有东西无动于衷。通过实验，法布尔发现雄雌性鳃角金龟都能发出乐声，然而囚禁处的它们并非在唱歌而是在哀求。

意大利蟋蟀

在我们这里看不见面包铺和乡间灶屋间的常客——那种家居蟋蟀。然而,倘若说在我们村子里壁炉石板下面的缝隙里听不到蟋蟀叫声的话,那么作为弥补,夏夜的田野里却流淌着美妙的歌声,那在北方并不常听得到的。春季期间,阳光明媚时,田间地头的蟋蟀便哼起了<u>交响曲</u>;炎炎夏日,在夜深人静时,便有树蟋蟀,也就是意大利蟋蟀在歌唱。一种是昼间蟋蟀,一种是夜间蟋蟀,它们把这美妙的季节平分了。在前者歌唱期结束之后,后者便接着鸣唱起小夜曲来。

意大利蟋蟀并无黑色外套,而且体形也并不像平常的蟋蟀那样粗壮笨拙。恰恰相反,它纤细纤瘦,苍白黯淡正满足了夜间活动的习性需要,你把其捏在手里都生怕捏碎了。它在各类小灌木上,在高高的草丛里蹦来蹦去,很少停留在地上。从 7 月一直延续到 10 月,它们黄昏时分开始唱歌,一直延续到大半夜,可真是一场悦耳美妙的音乐会。

这里的人们对这样的音乐并不陌生,因为不管是在多么小的荆棘丛中,你都会察觉这种音乐会

词语解释

交响曲:通常用奏鸣曲式,为齐全的交响乐队精心创作的器乐作品。

的演奏者。它们甚至还跑去粮仓里演唱，都是因为运草料时把它们夹带了进去，让它们迷了路，无法返回。这种苍白的蟋蟀习性极其神秘，所以谁也不能确切地知道是什么蟋蟀可以唱出如此动听的小夜曲，人们产生了错误的认识，认为这是来自普通的蟋蟀，可是这个时节一般的蟋蟀都还没有长大，因此也尚未学会鸣唱。

出自意大利蟋蟀的歌声是"格里—依—依""格里—依—依"这种舒缓且柔和的声音，唱起来有些微微发颤，让歌声听起来更加美妙动听。

你一听便会猜想到它的振动膜必是非常细薄而宽大的。如果它待在叶丛中无人打扰的话，它的声音便不会变化，但只要有一点响声，这位歌手就立刻改用腹部发声。你刚才听见它一直在你面前鸣唱，然后突然瞬间，你又听到它在那边二十步以外的地方继续歌唱，实际上只是音量减弱了，你还认为是距离的原因。

你急忙跑去却没发现任何东西，这声音依旧出自原先的地方。而且不仅是这样子。

有时声音忽而从左边传来，忽而从右边传来，又忽儿从后面传来。你彻底迷糊了，无法凭借自己的听觉去辨别蟋蟀究竟是在哪边鸣叫的。你是肯定需要提灯的，而且还要有足够的耐心，另外你还需要小心谨慎，以防发出一丁点的响声，这样才能借助灯光捉到这位歌唱者。我按照这样的办法捉到了几只，放入笼中，从而多多少少知道了一些迷惑我们听觉的演唱家的情况。

两片鞘翅全是由一片宽大的半透明干膜组成，薄得像一片白色的干洋葱片，可以整个儿地颤动。鞘翅状如圆的一端，上部稍小。圆的这一端按一条粗重纵翅脉折成九十度角，再把鞘翅凸边沿体侧往下，在蟋蟀休息时，围住其身体，右鞘翅覆盖在左

嵌记妙语

每种昆虫都有自己独特的技能，而这技能大多源自生存的本能和欲望。

词语解释

胼胝：(piánzhī)俗称"老茧"，是皮肤长期受压迫和摩擦而引起的手、足皮肤局部扁平角质增生。

鞘翅上面。右鞘翅里侧接近翅根处有一块胼胝，辐射出了五条翅脉，两条朝上，两条往下，但第五条十分接近横向，稍微泛红，属于基本部件，也就是琴弓，这从其上横向的细锯齿一看即可明白。鞘翅的其他部分还有几条稍细的功用在于绷紧薄膜的翅脉，它并不是摩擦器的组成部件。

左鞘翅，也可说下鞘翅，结构与右鞘翅一样，但差别就是琴弓、胼胝和由胼胝辐射出去的翅脉位于上部表面。此外，我们还可以看到左右两把琴弓是斜向交叉着的。

在蟋蟀一展歌喉时，那好比薄纱船帆的左右鞘翅便高高竖起，只有彼此的内侧边缘部位相互碰触着。这时左右两把琴弓是彼此斜着咬合着的，它们相互摩擦就使绷得紧紧的薄膜产生强烈的颤动。每把琴弓在另一个鞘翅的胼胝（它本身也是粗糙的）上摩擦与在四条平滑的辐射翅脉中的一条上摩擦，所发出的声音是不同的。这也许大概向我们道出了为何胆小的蟋蟀觉得自己身处险境时会发出声音来迷惑我们，使人觉得声音缥缈不定，难以捉摸。

声音的强弱、响亮与否、沉闷的变化，会使人产生距离上的错觉，这是蟋蟀这个腹语者的绝妙的艺术手法，然而产生这种错觉还有另外一个原因，这是很容易被发觉的。声音嘹亮时，鞘翅是完完全全竖起的，当声音比较沉闷时，鞘翅会多多少少有些下垂。当鞘翅处于下垂状态的时候，它的外侧边缘不同程度地压在蟋蟀柔软的侧部，因而振幅减小，声音就会随之变小。用手指触及敲响的玻璃杯，它就会发出闷声，好像从远方传来一样。灰白色蟋蟀深知这个声学秘密，当有人去抓它时，它便将振动片的边缘挤在柔软的肚腹上，令人不能获悉它身在何处。

我们的乐器有制振器、消音器，意大利蟋蟀的制振器、消音器可与之相提并论，构造简捷，功效很好，比我们略胜一筹。

田野乡间的蟋蟀及其同类昆虫也采用此种消音方法，将鞘翅边缘压在肚腹或高或低的地方，可使振动减轻，但在它们中间，却没有谁可以比得上意大利蟋蟀的本领，可以创造出这样奇特的效果。

我们的脚步声一旦靠近，哪怕是小心翼翼的，蟋蟀也会采用这种手段对付我们，令我们产生错觉。另外，它的声音还十分纯正，带着柔和的颤音。仲夏夜间，万籁俱寂时，还有哪种昆虫的歌唱可以超过意大利蟋蟀的？那么美妙，那么动听。我忘了有多少次，席地躺在迷迭香花丛中聆听那悦耳动人的音乐演唱会！

在我的花园里能听到很多蟋蟀在晚上鸣唱。在每一簇红花岩蔷薇中都能发现它的合唱成员，每一束薰衣草里也都有它们自己的乐队。那枝繁丛茂的野草莓树丛里，那笃蓐香树丛内，全是蟋蟀们的演唱场地。

这个小天地中的小生物们以自己那优美嘹亮的声音在彼此询问，互相作答，或许也可以说是对其他的歌者没有一丝感觉，仅仅是在旁若无人地酣畅淋漓地表达自己的心绪情意。

高处，在我头顶上方，天鹅星座在银河中伸展开它那巨大的十字架；下方，就在我的四周，蟋蟀奏响交响曲，此起彼伏，抑扬顿挫。这些细小的以歌声来深情演绎自己快乐心声的生命让我忘记了这夜空中的群星闪耀。天空中的那些眼睛冷静漠然地眨巴着，在望着我们，但我们对它们却知道得很少。

科学告知我们它们离我们有多远，它们的速度有多快，它们的体积有多大，它们的质量有多重，还告诉我们它们的数量数不胜数，令我惊讶不已，然而这并没有让我们有少许的激动。因为什么？原

词语解释

略胜一筹：筹，筹码，古代用以计数的工具，多用竹子制成。比较起来，稍微好一些。
酣畅淋漓：酣畅，畅饮，引申为舒适、畅快；淋漓，畅快的样子。形容非常畅快。

嵌记妙语

法布尔已经陶醉了，就这样随意地躺在花丛中了。
在法布尔看来眼前鲜活的生命比遥远的星空更令人快乐。

因是科学缺乏了那个巨大的奥秘，也就是生命的秘密。天上有什么？太阳正在温暖着什么？理性告诉我们说，有一些跟我们这里相似的世界，有一些生命在其间展开无穷变化的大地。这种宇宙观称得上浩瀚缥缈，但也仅是一种观念而已，并无确切的事实依据。确切的事实才是至高无上的，才是看得见摸得着的。所说的"可能"，特别是"极其可能"，都不是"明显"，并非是显而易见，无懈可击的。

令我感到生命颤动的蟋蟀们才是我的同伴，而生命才正是我们的灵魂。正是这个原因的存在，我才将身子倚靠着迷迭香树篱，仅仅是神思不属地朝那天鹅座任意一瞥，我的全部心思都放在你们那小夜曲上了。

巨大的没有生命的原料，远远不如一小块注入生命活力的能感受苦与乐的蛋白质。

田野地头的蟋蟀

本章内容精简概括

　　法布尔强调,倘若要观察蟋蟀的产卵过程,只要有一点耐心就足够了。

　　为此,在4月法布尔把它们放到花盆里给它们配对。在蟋蟀产卵过程中,他发现雌蟋蟀纹丝不动地把输卵管笔直地插入土层里,又拔出来抹平了那个小孔的痕迹,接着又在其他地界继续产卵。每次产卵的数量不一,彼此紧挨在一起。

　　产卵大概过去十五天后,卵壳慢慢裂开,婴儿孵化中的样子透过半透明的卵显现出来。法布尔继续观察,小蟋蟀们破卵后从土层中钻了出来,一天后便能活蹦乱跳了。大量蟋蟀的出世给法布尔带来了负担,于是决定把它们放入自己的后花园,但却遭到了小灰壁虎和蚂蚁的杀戮,特别是蚂蚁的入侵更为残忍。蟋蟀的数量日渐稀少,这使得法布尔的研究不能继续下去,他只好到别处寻找蟋蟀了。

　　蟋蟀筑巢从来都在树叶底下,它们用前爪挖掘、用后腿把挖出的土踹到身后进行清扫。筑巢是件大工程,费时费力。即使天气慢慢变冷,也会发现它们还在扩建巢穴。过完4月，**蟋蟀**开始唱歌。它们的乐器十分简单：带齿条的琴弓以及振动膜。其声音抑扬顿挫。

除了在交尾的时候那些出于身体本能的打斗之外，蟋蟀们总是可以和自己的同类和睦相处的。但情敌经常会扭打在一起，失败者逃之夭夭，胜利者则会围着情人吟唱求欢，并拿出自己的看家本领搔首弄姿，之后便是两者间的打情骂俏了。

圣甲虫

各种本能习性中最崇高的一种就是做窝筑巢，保卫家庭。鸟儿这巧妙的建筑师告知了我们这一点，在本领方面特别多样化的昆虫也使我们见识了这一点。昆虫对我们讲："母爱属于本能的崇高灵感。"母爱旨在维持族类长期繁衍，这是远高于保护个体的更利害相关的头等大事，所以母爱唤醒最迟钝的智力，使其<u>高瞻远瞩</u>。母爱要远高于神圣的源泉，不可思议的心智灵光就孕育其中，并能够突然迸发而出，使我们领悟出一种防止失误的理性。母爱越坚强，本能便愈加优良。在这方面有一种昆虫最值得我们去关注，那就是膜翅目昆虫，其身上凝聚着最充足的母爱，它们所有的本能才干均是致力于为自己的子孙后代觅食谋屋。它们是种种天赋才干中的好手。一些是棉织品以及许多絮状物品的编织高手；一些则是细叶片篓筐的能工巧匠；一些属于泥瓦匠，负责建造水泥房间、砖石屋顶；一些则是陶瓷行家，使用黏土制作高档的尖底瓮、坛罐以及大肚瓶；一些长于挖掘，在湿热的地下修建神秘的地宫。它们掌握的技艺成百上千、数不胜数，简直能够

> **同步思考**
>
> 法布尔为何如此诠释母爱？

> **词语解释**
>
> 高瞻远瞩：瞻，视，望；瞩，注视。站得高，看得远。比喻眼光远大。

同我们人类掌握的相仿，其中有些甚至还不为我们知晓，但它们却已用于居所的建造。随后便得考虑以后生活的食物：成堆的蜜，成块的花粉糕，精心造出的野味罐头……以未来的家庭为目标的这类工程中闪烁着在母爱激励之下本能的各种最高体现。

在昆虫世界中，除圣甲虫之外，别的昆虫的母爱通常说来都较肤浅潦草，<u>敷衍塞责</u>。几乎绝大部分昆虫，只是将卵产在合适的地方就放任不管了，只让幼虫独自冒着危险以及死亡去寻觅住所和食物。抚养如此不认真，才干如何也就无所谓了。<u>莱喀库斯将各种艺术统统从其共和国驱逐出去</u>，他斥责这些艺术是使人们萎靡不振，意志消沉的玩意。就是这样，通过斯巴达方式喂养的昆虫，其本能的高级灵感也就被去除掉了。<u>妈妈从温柔甜蜜的育婴中摆脱出来，那么所有特性中最优秀的智能特性便渐渐减弱，甚至完全泯灭。因为无论是动物还是人类，家庭一直是尽善尽美的源头。</u>若是对子孙后代爱护有加、体贴入微的膜翅目昆虫足以令我们赞叹不已的话，那么不管不顾子孙死活，任由其自生自灭的别的昆虫相比之下就显得异常渺小了。而我们前面提到的其余昆虫就几乎占了昆虫的大部分，至少据我所了解，在各地的动物志里，仅见过第二个例子，这种昆虫替自己的家人准备食物以及居所，例如采蜜的昆虫以及食粪的昆虫。

但是让人感到惊讶的是，这种昆虫在细腻的母爱方面足以与食花的蜂类相媲美，只是它们竟然是些以消灭垃圾、净化被牲畜糟蹋过的草地作为使命的食粪虫类。若是想再找到谨记妈妈职责又有丰富的母性本能的昆虫妈妈，那么必须从芬芳四溢的花坛走开，转向大马路上骡马遗留的粪堆。<u>自然中与</u>

词语解释

敷衍塞责：敷衍，马虎，不认真，表面上应付；塞责，搪塞责任。指工作不认真负责，表面应付了事。
莱喀库斯：古代斯巴达共和国的著名立法者。

嵌记妙语

圣甲虫是一种极富母爱的昆虫，这使得它们更有智力，也得到了人们的称赞。

此相近的两个极端比比皆是。对于大自然而言，我们的美或丑，肮脏或者干净又算得了什么？大自然利用污秽为我们创造出鲜花，用粪肥给我们创造出优质的麦粒。

各种食粪虫尽管天天和粪便打交道，但是却享有一种美誉。其身子基本都是小巧玲珑，穿戴庄重并且无可挑剔的光鲜，身子胖嘟嘟的，呈短壮体态，额头以及胸廓上都佩带着怪异的装饰品，所以在收藏家的标本盒里显得光彩照人，尤其是我国的那些品种，乌黑发亮；另外一些热带的品种，金光闪闪，黑紫油亮。

它们是牲畜赶之不去的客人，一种苯甲酸的淡淡香气从它们身上散发开来。能够净化一下羊圈里的空气。它们那如田园诗般的习惯让昆虫分类词典的编纂者们十分惊讶，因此他们这些之前不怎么关心其生死的学者们，这一次却转变了看法，对它们介绍时也用上了一些动听的名字：梅丽贝、迪蒂尔、阿嫂达、科利冬、阿莱克西丝、莫普絮斯等。这些名字全是古时田园诗人们时常用到并早就很响亮的名字。食粪虫被维吉尔式的田园诗中的词汇来赞扬了。

瞧那一堆牛粪堆上你争我抢的劲儿啊！最先从世界各个地方聚集到加利福尼亚的淘金者们的那股热情劲儿也和它们没法比。在阳光太毒之前，它们成千上万地奔来，大小不同，各种形状，种类多样，全都乱七八糟地来回反复地爬着，都想在这个大蛋糕上使自己分得一份。有的在露天地里干活，搜刮其表面；有的钻入厚实的牛粪堆里，挖个地道，寻找好的矿脉；有的凿开底部，立刻将珠宝钱财埋到地下；那些个儿小又气弱的则待在一边捡起它身体强壮的伙伴们落下的残渣什么的。有几个新来的也许是饿得不得了，在原地就吃起来了，但大半则是

> **嵌记妙语**
> 大自然是不区分美丑的，我们认为丑陋肮脏的东西，在大自然那儿都能化腐朽为神奇。

> **同步思考**
> 为什么说圣甲虫有如田园诗般的习惯？又为何用田园诗人常用的名字为它们命名？

想捞一笔，藏在安全的地方，以备不时之需。当你身在四处飘香的田野间时，没发觉一点新鲜牛粪，突然到了这儿，看到这些一堆堆的宝物，那真是上天赐予的呀，只有有福分的才会这样幸运。因此，它们就把今儿这无价之宝小心翼翼地收集起来。粪香四散，方圆一公里都可以闻得到，食粪虫们听到消息纷纷而来，争抢、分享这些美味食物，落在后面跑着飞着正忙着向前赶哩。

　　那个担心会迟到而朝着粪堆一溜儿小跑的是谁呀？它始终僵硬笨拙地挥着自己长长的爪子，如同有一个机器在它的肚腹下朝前推着它一样；它的那双棕红色小触角大张开着，透着那垂涎欲滴的急躁情绪。它在玩命地赶，它赶到了，还把身边几位食客碰倒了。这就是圣甲虫，它一身墨黑装扮，在食粪虫中算它的身材最高大，并且它的名气也是最响的。古埃及对它无比尊敬，把它看作终生不老的象征。它已然加入，与它同桌的食友一起战斗，其食友们正用自己宽大的前爪微微地敲打粪球，进行最后一个步骤，或者再向粪球上添上最后一层，完了转身而去，回去平心静气地享受着自己的劳动成果。我们来看一下那有名的粪球的一道道生产工序吧。

　　圣甲虫头端周边是个帽子，扁平宽大，上有六个细的尖齿，排成半圆状。这便是它的挖掘与切割时用的家伙，是它的耙子，能用于撬开和抛撒没养分的植物纤维，把有用的耙在一块聚到一起。它们对食物的选择就是这样开展的，因为对这些行家来说，它们对哪儿优良哪儿需抛弃已十分明白。如果圣甲虫是为自己寻找食物，它们差不多就行了，但假如想到自己的孩子，它们就会精心挑选，十分严格。

　　只将自己的食物问题解决，圣甲虫并不是非

昆虫记

常挑剔，大致地选一下就可以了。它用带齿的头盔拱一下，挑一下，排除要抛下的，之后把别的归整一下就好了。两条前腿一块用力地忙活。它的前腿是扁平的，弯作弓状，上面有粗壮的纹路，外侧配有五个硬齿。假设需要用力，把阻碍物推开，在粪堆中特厚实的地方清一条道来，圣甲虫就用肘力，也就是用它带齿的前腿来回归拢，再用齿耙用力一耙，就腾出一个半圆形的空地来。地盘清好以后，前腿还有别的工作要做：把顶耙耙到的东西归整在一块，耙到自个的肚腹下的后面四只爪子那儿去，这后面的四只爪子生来便是为了进行揉制工任务的。这些足爪，尤其是最后的两个，既细又长，稍稍弯曲成弓形，顶端长着一个不寻常锐利的尖爪。稍微看上一眼就能明白它们十分像圆规，在它弧状支脚之间弯成一种球状，可以测量球面，生产球形。它们确实有生产粪球的长处。食物一耙一耙地被耙到肚腹下的四只爪子中间，后爪紧接着稍稍用劲，就能够按照腿部的曲线将粪球的雏形挤成形。之后，这雏形粪球时不时地被四条后腿弄成的两把圆规摆动，压挤，逐渐变小变结实，之后由肚腹加工，粪球的形状渐渐完善。如果粪球的表面那层太坚硬，容易剥落的话，如果其中有的地方纤维太多，翻转起来很难的话，前腿就对不适合的地方展开深加工，它们用宽大的拍子微微拍打粪球，让新增加的东西与之前的十分结实地变为一体，并将那些不好粘贴的东西在粪球上拍实。

　　即使是在艳阳的炙烤下。它们对粪球的加工仍然在焦急繁忙地开展着，你可以察觉到揉制工做起活来是如此快速利落，让你肃然起敬。那活计以这样飞快的速度开展着：最先的雏形仅是个小弹丸。现在已成为一颗核桃那样大了。没过一

嵌记妙语

因为对食物有着大量的要求，圣甲虫拥有了一种神奇的搬运技能。

会儿就可以变成大约苹果那样大。我之前见过食量吓人的圣甲虫居然旋出一个拳头大小的粪球。这肯定需要数天时间吧！创造完需储存的食物，就要离开杂乱的战地了，把食物运往适合的地点。这时圣甲虫最让人感叹的习性慢慢表现出来，圣甲虫匆匆忙忙地上路了，它将两条长后腿勾住粪球，而后腿锐利的尖爪则插到球体中去。起到旋转轴的作用。它将中间的两条腿用作支撑。而以前腿带护臂甲的齿是作杠杆。双足轮流按压。弓身，低头，翘臀，倒运着粪球。后腿是这机器的主要构成部分。它们不停地在运作；它们来来回回，交换着足爪。以协调轴心，让乘载物保持平衡，并在其左右两侧轮番推动，使粪球向前滚动。这样一来，粪球表面各点都一个接一个地接触地表，使它不间断地碾压，形状更是完美，而球面硬度因为受力匀称而慢慢趋于一致。

　　用劲呀！好，它朝前滚动了，按当前的状况，它必定可以被运回家，显然路途不一定十分顺利，避免不了一些磕磕碰碰。这一难题说来就来，但还不是很严重：圣甲虫遇到了一个斜面坡，笨重的粪球要沿斜坡滚下去，可是圣甲虫认准了自己的理，硬横穿这个天然通道，这胆儿可真够大的，一不小心，一旦踩到一点坏事的沙子，就可能丧失平衡，功亏一篑了。果不其然，它脚下一出溜儿，粪球就滚向沟里了。这滑下的粪球把圣甲虫一带，导致它摔了个仰面朝天，爪子在那胡乱蹬踢着。最终它费尽心思转过身来，接着去追寻它的粪球了。它的机器更是卖力地工作起来——是该当心点了，傻蛋儿。顺着沟底走，不但省力而且安全，沟底路好走，非常平坦，你不需要费多大的力气，粪球就可以滚动向前的。可是这圣甲虫偏偏就是不听，它固执地向那可以说是它的克星的斜坡走去，也许再登到高处对它来说是适合的。对此我真是无话可说了，对于身居高处的优越性来讲，圣甲虫的观点比我要更有远见。可你至少该走这条道呀，那坡相对较缓，你可以很轻松从那爬到顶上的。它根本就不听，假若有什么非常陡的、不能攀爬的斜坡，那个顽固的小子就偏偏选到它。因此，<u>西西弗斯</u>的工作启动了。它专心致志地，一步步地，十分艰难地向上滚动那巨大的粪球。它始终是倒退着在推动。我在考虑，它是使用哪种稳定神功把这么庞大的粪球在斜坡上稳住的。啊！稍一调整不好，它就瞎忙活大半天：粪球滑下去，把它也连着摔了下去。紧接着，它又慢慢往上爬，不一会儿再一次摔下去。它随之又向上爬，这回走得很好，困难路段好歹过去了，原来是一个禾本植物的根在捣乱，让它摔了好几回，这一回它谨慎地绕开了这个讨厌的根。再加一把劲就到顶了，但要加倍小心啊，坡陡道险，稍不小心便功亏一篑。你看，脚踩在滑滑的鹅卵石上，一滑，粪球和圣甲虫一并连滚带翻地又滑回去了。可圣甲虫再开始向上爬，仍然坚持不懈，没有什么可以使它泄气的。十次、二十次地尝试着这总爬不上去的陡坡，最终，它或是以坚强的意志攻克了重重困难，或是经过更加周密的思考承认自己之前做的是没用的努力，它重新选取了一条平整的道，终于如己所想地完成了工作任务。

　　这贵重的粪球并不是每回都是由一只圣甲虫单个运送，它时常有同伴帮忙，或者更确切地讲，是同伴主动过来帮忙。一般情况下是这样做的：一个圣甲虫创造完粪球以后，就离开烦乱熙攘的群体，倒退着推动自己的战果离开战地，最后过来的那些圣甲虫有一个在它的身边，刚要开展自己的粪球创作工作，就忽然放下了手里的活儿，

词语解释

西西弗斯：希腊神话中的一个暴君，死后受到惩罚，在地狱中把巨石往山上推，快到山顶时，巨石又滑下来，他只好永无休止地推着。

同步思考

其他的圣甲虫为什么会主动帮忙？

朝那滚动着的粪球奔去，帮助这个运气好的成功者，后者似乎十分愿意接受这个帮忙。此后，这两个同伴就一起干起活儿来。它俩不甘落后地全力把粪球向安全的地方运去。在工地上是不是当真有过协议，双方默认平分这块蛋糕？在一个制作粪球时，另一个是不是在挖掘丰富矿脉以得到原料，添加到相同的财富上去呢？我从来没见过这种合作，我始终看见的仅是每只圣甲虫都独立地在开采地点忙于自己的工作。因此，后来者是没一点固定权益的。那么，这是不是异性同类中的一种合作，是一对圣甲虫在为自个的美好小家庭努力拼搏吗？在一段日子里，我确实有这种想法。两只圣甲虫，一前一后，满怀激情地在一块推着那厚厚的粪球，这让我想到了之前有人手摇风琴唱着的歌：为了布置家庭，咱们怎么办呀？我们一起推酒桶，你在前面我在后。在通过一番解析后，我就丢弃了这种夫妻互帮的观点。光看外表，是分辨不出雌雄圣甲虫的。因此我把两只一起合作运送粪球的圣甲虫拿来剖析，我发现的结果是它们基本上是同一性别的。

　　既没有家庭共同体，也没有劳动共同体，那么存在这种表面上互助的理由是什么呢？其实理由十分简单，目的就是据为己有。那个看似好心的伙伴假心帮忙，实质上是藏有心机，一有机会就抢去粪球。粪球的创造过程既累人又需耐力，要是能抢个现货，或者至少强行入席，那可就划算多了。假如主人无防备，帮忙者就可抢走粪球逃之大吉；假如主人的警觉性很高，那就以自己也出了一点力而二人同席。这一招不管怎么算都是可以获得好处的，因此抢夺就成了这个世上收效最好的一种方式。有的就阴险狡诈地这样去做了，就像我刚刚所讲的那样，它们兴致勃勃地去帮一同伙，实际上后者压根不需要它们帮助，而且它们装着好心，其实心里藏有杀机。另外一些圣甲虫，更是胆大包天，直入主题，强制夺取他人的美食。

　　哪里都有这类抢劫行径。一只圣甲虫推着自己经过辛勤劳作所得到的合法收益安静地离去了。另一只，也不晓得是从哪儿跑出来的，前来抢劫，身子狠狠地落下，把被烟熏了一样的翅膀收到鞘翅下面，然后挥起带锯齿的臂甲的背面扇倒粪球的拥有者，受袭者正忙于推粪球，压根就没抵挡之力。当受袭者玩命挣脱，再次站稳时，攻击者已站在粪球高处，那是吓退对方的最好的位置。它把臂甲收到胸前，开始迎敌，以备不测。丢东西的在粪球旁边走来走去，寻找很好的出击点，抢东西的就立在城堡顶上不断地翻转，他们总是面对着被抢者。假如被抢者竖起身来攀爬，强盗就向它的背部狠狠地一击。如果进攻者不转变策略来收取丢失物品的话，那防护者因处于城堡高的地方，必将一回回地打败对手的攻击。此时，进攻者企图把城堡和其守护者一起推倒。粪球底端受到摇摆，开始慢慢滚动起来，强盗也跟着翻滚，可它用尽办法一直立于粪球顶端。它做到了，可并不是始终如此。它在不间断地快速跟着翻转，使自己维持平衡。只要脚下一滑，优势全无，那就只能与对手赤膊上阵，彼此身体对身体，胸对胸，你碰我顶地拼打起来。它们的爪子绞在一块，节肢相扰，头盔相撞，发出金属锉磨的尖锐之声。之后，把对手掀倒，摆脱出来的那位便抓紧爬到粪球顶部，抢占好的地形。围困又来了，侵略者与被侵略者依次包围，这全靠血拼时的胜负来决定。二者之中不必说这侵略者定是胆大包天并且<u>临危不惧</u>，因此时常一直占有一定的好处。因此，

词语解释

临危不惧：临，遇到；危，危险；惧，怕。遇到危难的时候，一点也不怕。

被侵略者两次击败后，便丧失斗志，聪明地打算回到粪堆去再次制作一个粪球。而那个侥幸胜利的侵略者则很害怕已过去的危险会又一次来临，就推着抢来的粪球抓紧向自己觉得靠谱的地方跑去。偶尔会有第二个侵略者突然到来，抢夺前者盗取的赃物。说句心里话，我不是很烦它。

我徒劳无益地在寻思，那个把"家当即赃物"这个放肆的狂言乱语用到圣甲虫习惯中的普鲁东到底是什么人？那个把"武力超过权力"的野性法则在食粪虫的生活里加以发扬光大的外交家是哪位？由于收集的资料很少，因此我没办法从源头处深入观察这些习以为常的抢劫方式，无法搞明白这种为了夺取粪球而滥用武力的理由，我能肯定的就仅是抢夺榨取是圣甲虫的常用伎俩。这些运送粪球的昆虫之间你夺我抢，毫无顾虑，我还真没见到别的昆虫这样不知廉耻地干过。索性，我把这种昆虫心理方面的疑问留给今后的观察者们去研究吧，我还是回头来说说那两个合伙搬运粪球的家伙。

也许用词不准确，但我还是把那两个合伙者称为共同运送者。两个中间一个是强行加入的，另一个也许是迫于无奈而被逼接受的，十分担心遭到更大的危险。它俩的相碰倒还算合适，合作者到来之时，拥有者正专心致志在做自个的活儿，新来者似乎怀着最多的善意，立刻投入工作。二人你推我拉，相互合作。拥有者占据主导地位，担任主角：它从粪球后面向前推，后腿向上脑袋朝下。那个帮手则在前头，姿势和前者相反，脑袋向上，带齿的双臂按在粪球上，长长的后腿撑在地上。它俩前一后一地将粪球夹在中间，粪球就这样翻滚着。

二者也并不是合作无误，尤其是帮手因为背对

昆虫记

路径，加上粪球又挡住了拥有者的眼睛。因此，事故频频，摔个大马趴是经常的事，幸好它们也泰然处之，摔倒了立刻爬起来，仍然是各归各位，自负其责。即使是道路平整，这种运送方式仍旧只是事倍功半的，理由就是它俩的合作不能那样完美，事实上，就是让后面的圣甲虫独自做，也一样能够做得很快，并且能够很利索。那个帮手倒是在帮倒忙弄得没法运送，可在表现出自个的善意以后，打算稍作休息，当然，它是不可能丢弃它已看作自个财产的那个珍贵粪球，摸过的粪球就是自己的了。可它也不会三心二意贸然行事的，要不对方会把它给晾在那儿。

> **词语解释**
>
> 大马趴：形容摔跤的一种姿势，身体前倾，趴在地上，脸朝地那样摔倒。

它把腿收回到肚腹下面，身子紧紧地挨在粪球上，与它连为一体，粪球和这个靠在其表面的助手在合法主人的推动下一起朝前翻滚着。粪球在它的身下，随粪球的翻滚，它一会儿在上，一会儿在下，一会儿在左，一会儿在右，它毫不在意。它就是要帮到底，并且是不动声色地在帮。这种帮手真少有，让他人用车推着自己，还想得到一份酬劳！此时，前面到了一个大陡坡，它只好托一把手了。推到陡坡上时，它成了排头兵，只看到它用自己那带齿的双臂狠狠地拽住沉重的大粪球，而它同伙，那个拥有者则在下面玩命抵挡着，一点点地向上顶着。我看到这两个合作者，就这样一个在上方拽着，一个在下方撑着，合作十分默契地向坡上爬着，假如没两者的全力合作，仅靠一个圣甲虫是如何也不能把粪球推上去的。可是，并不是全部圣甲虫在这一艰难时刻都能表现出一样的激情。有一些圣甲虫在攀爬斜坡这种需要配合才可以的时刻，似乎根本不觉得有艰难要战胜一样。在这全身晦气的西西弗斯加油着尝试越过阻碍时，那另一位却站到高位，一副坐等其成的样子，与粪球一同上下滚动。我们设想那只圣甲虫十分幸运，获得了一个可靠的合伙者，或者再好一点，假定它在中途没能碰到不期而来的同类。这样，一切准备好，能够开始下一步了。地窖已挖好，是一个在相对宽软土地上挖的洞，基本上是在沙地里挖，洞不深，有拳头那样大小，有一条细道和外面相通，细道大小刚好可以让粪球进去。食物一进地窖，圣甲虫就藏在家中，用藏在角落里的杂物将地窖进口堵起来。大门一关，外面压根就猜不到这底下存在一个宴会厅。功德圆满，它非常开心，宴会厅里餐桌上全是高档食物；天花板挡住空中炙日，仅让一点温暖潮湿的热气透入；心平气和，环境幽暗；外面的蟋蟀阵阵合唱声，这全部的东西都有利于肠胃功能的发挥。我思绪缥缈，忽然感觉自己俯身于地窖口处，耳边隐约传来海洋女神该拉忒亚的歌剧中的那段著名唱段："啊！周围的一切都在忙忙碌碌时，无所事事是多么美妙。"

　　谁有这么大胆要去打扰这位正在宴席上悄悄享受的小子呢？但是，这强大的好奇心能够让人们去做每一件事情，而这样的胆子，我曾有过。我在这里把这次自己擅闯民宅的场景叙说下来。我看见仅一个粪球就已基本上把整个宴会厅全部占据了——这奢侈的食物下抵地板上顶天花板。一条狭小的通道把粪球与墙体分开。食者就在通道上用餐，两位是最多的，时常是一位，肚子靠在餐桌上，背撑着墙壁。座位只要挑好，就无法移动了，接下来就张开嘴大吃起来，其间不可能产生一点小吵嘴，由于那样子就会少吃一口；也不会挑肥拣瘦，否则就会糟蹋食物。一切全得按照前后顺序，专心致志地越肠而过。看到它们这样真诚用心地围着粪球在吃，你会认为它们觉察到自己在进行净化大地的工作，它们晓得自己为之奋斗的是那种用粪肥养育鲜花的精细化学工程，鲜花使人心旷神怡，圣甲虫的鞘翅能点缀春暖花开的草坪。马牛羊的消化系统已经十分完善，可是它们的排泄物中仍旧残留着一些还没被消化的物质，而圣甲虫则将它们留下的那么多残留物质加以利用，为此，圣甲虫就必须拥有一套装备齐全的工具。果不其然，通过解剖我惊叹地发现其肠道非常长，绕来绕去，使得吃进去的食物能够慢慢地被吸收，直到最后一个能被利用的颗粒被消化干净为止。因此，那些食草动物没有消化吸收干净的物质，通过食粪虫类昆虫的高效蒸馏器这么一提取，便能够获得一些财富，并且这些财富稍稍加工处理，便可以变成圣甲虫墨黑的铠甲和别的食粪虫类昆虫的金黄色的以及赤红色的胸甲。

　　但是，环境卫生限定了这种令人赞叹不已的垃圾处理工作要在最短的时间内做完，而圣甲虫就具有这种也许其他昆虫所未具备的非常强大的消化能力。一旦食物进入地窖里面，圣甲虫就会不分昼夜地吃着，直至把食物消灭干净为止。在你有了一定的实践经验后，将圣甲虫关在笼子里养是非常容易的。我便是采取了这种方式获得了这些资料，这对了解著名的圣甲虫的高效消化功能非常有益。

　　整个粪球就这样一点一点地依次通过消化道，紧接着，圣甲虫隐士就再次爬出地面，寻找机会，找到以后，便重新做粪球，一切便又重新展开了。

　　有一日，天气干燥无风，这种氛围尤其适宜我喂养的圣甲虫们<u>大快朵颐</u>。于是，我揣着表，守候在一个露天进餐者的面前仔细观看，从早上8点一

词语解释

大快朵颐：朵颐，鼓动腮颊，即大吃大嚼。痛痛快快地大吃一顿。

直延续到晚上8点。这只圣甲虫仿佛遇上了一块非常合胃口的食物，整整十二个小时的时间，它从没停止过咀嚼，一直停留在餐桌前的同一个地点纹丝不动地吃起来没完。晚上8点钟的时候，我最后一次看它，只见它的胃口始终未减，那样子就像刚开始吃时一样地起劲儿。这次宴会还会持续下去，直至圣甲虫将全部的食物彻底消灭才会宣告结束。到次日的时候，那只圣甲虫的确不在那儿了，昨天没有嚼完的那块食物现在仅仅剩下点渣末了。

  时针转了一周还要多，这么长的一幕就仅仅是进食，囫囵吞枣，精彩万分，只不过，那消化的一幕则更加妙不可言。圣甲虫前面在不停地吃，而后面则一直往外排泄，这些排泄物已经没有养分了，组成一条黑色细线，就如同鞋匠的细蜡绳。其边吃边排泄，足见其消化之神速。初始咀嚼，它那拔丝机就会运作开来，直至最后几口吃完之后，这机器即可停止运转。那根细蜡绳从头到尾没有出现有断头，一直挂在排泄口上，下端的就已盘成一堆，只要是没有干透，就可以轻易展开来成为一条细长绳。

  这排泄的整个经过就好像秒表那样精确。大约一分钟的间隔，要更加准确地说是四十五秒，即会有一小段排泄物出来，细绳则增多三至四毫米。一旦细绳长到一定程度，我便把它截断，放在刻度尺上量量它的长度。测量得出的结果是，十二个小时的总长为二点八八米。夜晚8点时，我在提灯下做完了最后一次察看，而后，这圣甲虫还会继续吃消夜，因此这进食和制绳的活计还会再干一段时间，所以圣甲虫拉成的那根没有断头的细长绳总长约为三米。

  知道了绳长和直径，排泄物的体积就可以轻易测算出来。然而要量出圣甲虫的确切体积，同样也很容易，仅需将它放进有水的量筒，看一下水位线就可以了。这些取得的数字并非毫无意义：通过分析这些数据，我们明白圣甲虫竟然能够经过一次持续十二个钟头的进餐后就吃掉了与自身体积相差不多的食物。胃是多么好呀，而且消化又是这样强，消化速度又如此之快！刚开始咀嚼，排泄物就马上被消化成细绳状，始终拉长，直至进餐结束。在这台也许从不失业的蒸馏器里（除非加工的原材料匮乏），只要原料已进入，立刻由胃囊开始加工，吸收干净，而后排出。这使我禁不住有这样的联想，如此一座可以高效处理垃圾的实验室要用在净化环境方面是能够发挥不小的功能的。

圣甲虫的梨形粪球

一个年纪轻轻的牧羊人抽时间帮我观察圣甲虫的活动状况。6月下旬的一个周末,他兴致勃勃地跑来对我说,他觉得此时是研究圣甲虫的最佳时机,说他忽然看到圣甲虫从地下爬出来,他就在它爬出来的地方寻找,在不怎么深的位置就发现了一个奇怪的东西,就带给了我。我原先以为了解了的那点情况被这稀奇古怪的东西完全推翻了。从形状上看来,它就如同一个小小的梨子,或许熟过了头,色泽不再新鲜了,变成了紫褐色。这个稀奇古怪的玩意,这个好像在车间弄出来的好看的玩具,会是什么东西呢?是人工创造出来的?是一个假梨子制品让孩子玩的?我确实是这样认为的。孩子们围过来,眼睛一眨不眨地看着这个漂亮物体,都想要拿走放入自己的玩具盒里。这物体形状比玛瑙弹子还漂亮,比象牙球和杨木陀螺更招人喜欢。事实上这玩意儿的材质并没有显得上乘,却摸着很硬实,并带有非常艺术性的曲线。这无关紧要,反正在深入观察它之前,我是不会将这个从地下找到的小梨让孩子们做玩具的。它真的是圣甲虫的作品吗?其里面会有一个卵、一条幼虫?牧羊青年肯定地告诉我

同步思考

这个奇怪的梨形的东西是什么?它为什么会是这种奇特的形状?

说有。他讲他在挖的时候不小心将一只相同的小梨给弄碎了，里面仅有一只白色的卵，宛如一个麦粒大小。因为他给我拿来的小梨与我所期望的粪球相差甚远，因此我不太相信他说的。剖开这个令人生疑的东西，查看它里面有什么东西，这大概是唐突的：纵使像牧羊青年认定的那样里面果真有虫卵，我这样把它剖开或许会影响里面胚胎的存活。再说了，我在思考，梨形与全部已知的情况是不符的，很可能是偶然酿成的。谁知道日后会不会再碰到偶然的情况给我提供相同的东西呢？最好保持原来的模样，静观事情的发展，特别应该去现场看个究竟。

第二天天刚亮，我就爬上山坡见到了年轻的牧羊人在放羊。山坡上的树木最近被砍伐光了，夏季的毒太阳晒得人后脖子疼，好在还得两三个小时之后太阳才晒得到我们。清早，凉风习习，羊群在牧羊犬的看管下安静地吃草，因此我和牧羊青年便一起寻找起来。

不久就找到了一个圣甲虫的洞穴，上端新堆成一个鼹鼠丘，一眼就能认出来。我的同伴使劲挖起来。我将我的小铲子给他用，我那把小铲子不但轻巧而且结实，我每次外出都会带上它，因为我看到土就想挖挖，怎么也改不了。我躺在地上，眼睛一眨不眨，以便仔细查看被挖开的洞穴内侧的安排布置。牧羊青年一边使用小铲子挖着，一边用没拿铲子的手弄掉浮土。

我们完成了：一个洞穴被打开了，只见那潮湿的半张开的地洞里一只完美的梨形粪球放在那儿。是啊，说真的，第一次见到圣甲虫妈妈的作品时的深刻印象，永远也无法忘却。纵使我是挖掘古埃及的圣骨的考古学专家，在我挖到某个法老的地下墓穴中雕琢成绿宝石的圣虫，也不如这次激动。啊！忽然金光四射的真理被发现的快乐呀，什么快乐能

> **同步思考**
>
> 第一次见到圣甲虫妈妈的作品时，法布尔是什么样的心情？假如你是他的话也会有同样的反应吗？

与此相比呀！牧羊青年也异常兴奋，他看见我笑自己也笑，他看到我幸福欢快自己也喜形于色。

偶然的事不会再现，一件事不会一样地重复再现，一句古老的名言便是这么告诉我们的。我这已是第二次看到这种奇怪的梨形粪球了。这种形状是正常的，不是例外？圣甲虫在地上滚动的那个类似这种球体的球体是不是并不存在？我们接着往下挖，再看到底是怎么回事。我们又找到第二个洞穴。和前一个相同，里边也有一只梨形粪球。这两个东西完全相同，甚至就像从一个模子里印出来的一样。有一个细节很有价值：在第二个洞里，在梨形粪球周围，圣甲虫妈妈怜爱地紧抱着梨形粪球，想必是专心致志地在对它做最后的加工，接着自己就彻底离开了这个洞穴。所有困惑都被驱走了：我明白了这个雕塑工，知晓了它的杰作。

在上午剩余的时间里，我就对已了解的情况做了周密的寻证：在太阳把我晒得受不住只好远离挖掘场地以前，我已有一打形状一样的梨形粪球。有很多回我都发觉有圣甲虫妈妈在洞穴深处的车间里。最后，先说一下之后我所知道的情况。在６月尾到９月的这个夏天里，我基本每天都到圣甲虫时常出现的地方去探寻，我用小铲子挖开很多洞穴，得到了一些超出我所能希望获得的信息。我在笼子里喂养它们的过程中又得到了其他资料，这些资料虽然也很珍贵，但却不能与在田野里的自由国度中所得到的资料相比。不论怎么说，我挖掘过少说也不止一百来个洞穴，并且回回都能看见那种梨形粪球，可却一回都不曾见到过团团的粪球，一回也没看见过书上告知我们的那种浑圆形态的粪球。

这个误区我之前也犯过，毕竟我十分信任大师们的<u>金玉良言</u>。从前，我在安格尔高原的研究毫无结果，我在实验室做饲养也悲惨地以失败而结束，

词语解释

金玉良言：金玉，黄金和美玉。比喻可贵而有价值的劝告。

但我又一门心思想给青年读者们一个圣甲虫怎样筑巢做窝的观点，因此就接纳了传统的浑圆的粪球的可笑说法，而且还用其他的食粪虫的一些情况进行推论，尝试勾勒圣甲虫卵的外表，造成了无法宽恕的谬误出现。

如今，我们来详细概述一下我亲眼所见的现实的故事。圣甲虫的地下窝巢在地面上一看就知，由于洞外有一堆浮土，像一个鼹鼠丘，这是圣甲虫妈妈把洞中挖出的土放到洞外堆起来形成的，方便留出一个洞来。这个鼹鼠丘下开着一个差不多十厘米的不是很深的洞，有一条或直或曲的水平通道从洞底通到也许有拳头大小的敞亮的大厅。这就是地下室，虫卵被食物包着，在距地面几寸的地下，由炙热的太阳炙烤渐渐孵化。这就是圣甲虫妈妈的宽大的车间，将来的宝贝的面包被它变换自如地揉制、加工成为梨形。这个粪球面包躺倒时长轴线是水平方向的。其形状和大小使人想起圣诞节时候的小梨子，色彩光泽都很鲜艳，香味扑鼻，提早成熟，使孩子们爱不释手。梨形粪球的大小大概都相差无几。最大的个头长四十五毫米，宽三十五毫米；最小的个头长三十五毫米，宽二十八毫米。梨形粪球的表面虽不像仿大理石那样光滑，可十分规则匀称，它是通过很小的红土颗粒认真打磨过的。它本是非常松软的，就像可塑性黏土，由于是才做好的，但很快就会被风干，外层结起一层硬皮，用手指捏都捏不碎，比木头还硬。这层硬皮是一个保护膜，使得藏于其中者避免与外界接触，能够很安静地消化自己的食物。可是，假如连中间也全风干了，那么处境就十分危险了。我们以后会有时机来谈谈被迫面对太硬面包的幼虫的糟糕处境。

圣甲虫面包铺加工的是怎样的面团呢？马牛骡是它的供货方吗？肯定不是。但是我之前却是这样认为的，而且每位看到它在一大堆平凡牛粪中玩命收集、为己所用的人，也都会这样认为的。它常常在那儿揉制粪球，之后弄到沙土地下的某个隐秘处去享受一番。

假如那种粘满草梗的毛糙面包仅是为了自己吃的话，那没什么问题，可如果是给它们的小宝贝准备的，那就不可以了。它不得不去做深加工，使得营养丰富还便于消化。它要的是绵羊剩下的美味，而不是牛拉出的干巴巴的一地黑橄榄。绵羊剩下的美味是在它不怎么干的肠子中慢慢形成、加工创造的单层硬饼干。这才是圣甲虫所需的材料、一心用于加工的面团。那不是马的那种没脂肪的粗纤维材料，而是油滑而有黏性的均匀的物质，富含着十分营养的汁液。这种材料因它比较黏和腻滑而非常适于加工成梨形艺术品，并且它既柔软又可口，很适合新生儿嫩弱的胃。幼虫能够从这样一个小小的梨形体中获取充分的营养。

这便是梨形食品为什么这样小的缘由所在。它如此小，导致我在看见圣甲虫妈妈正在创造梨形粪球以前，总是怀疑这新家伙到底是什么尤物。我始终都没能从这样小的梨形粪球中看出那是圣甲虫幼虫的食粮，毕竟圣甲虫既贪馋且个头儿也很大。

在这个具有新奇独特形状的大面包球里，虫卵在哪儿呢？大家不以为然地就会觉得它在那团团的梨肚子的中央。这中心点是十分安全的地方，不受外面的一点干扰，而且是均温的。再说，新生幼虫不论从哪下口都可以遇到很厚的食物层，不可能咬上几口就没了。由于在它的四周都是一样的，它也就没必要去挑选了。它随意把自己那嫩牙咬到哪里，都会无忧无虑地继续有滋有味地吃下去。

这种看法好像十分有道理，以至于我也跟着上当了。在我用小刀的刀锋一层层地往梨肚子中心剥去，相信在中心点会寻到虫卵时，却大大出乎意料，那儿压根儿就无虫卵。梨肚子中心不仅不是空的，而且严实得很。那儿也是一堆质地均匀的食物。

我的推测看上去好像很合逻辑，换了不论哪一位观察者也会与我持相同的观点，可是圣甲虫却有自己的观点。我们有自己的逻辑，而且还很是自以为傲，但圣甲虫也有它的逻辑，并且在这一点上还远远胜于我们。圣甲虫很有远识，能猜到将要发生的事情，所以就将卵下到别的地方了。

究竟下到什么地方去了呢？下到梨形粪球最细薄的部位，在最顶部的梨颈那儿。把梨颈纵向解剖开，但要多加小心，不能破坏了里面的东西。那儿挖有一个洞，四壁洁净光亮。这便是胚胎所在的圣龛，这便是孵化室。相对于圣甲虫妈妈的个头儿来讲，虫卵算是很大的了，它是长椭圆形，白悠悠的，长约十毫米，宽有五毫米多。它与四壁之间有一层薄薄的间隙，同四壁都不紧贴，仅是虫卵的头部靠在梨颈顶部的壁后。梨形粪球经常是水平躺放着的，除了头顶粘着的那一点以外，幼虫实际上是悬挂在空中，睡在这张很有弹性的热乎乎的空气床上。

如今，我们已清晰明了。让我们来看看圣甲虫这样做的原因是什么。让我们先来了解一下为何是个梨形，这在昆虫的创造工艺中可是一种很特别的形状。让我们来看看虫卵放在那么个怪异的地方到底有什么好处。我明白，探寻事情的前因后果是非常繁杂艰难的。你也许就像走进流沙里去一样，由于那是个奇怪的地方，变化万千，一不注意就会陷下去无药可救的。难道因为险阻就放弃这种探索吗？为何要放弃呢？

我们的科学与我们手段之贫乏相比更显示出它的辉煌伟大，可是面对无穷的未知时又表现得如此可悲。它对于绝对的真理都知道些什么？它什么也

词语解释

圣龛（kān）：天主教堂中不可或缺的一部分，墙壁上凹进部分，以放入圣像、佛像、雕像、瓮缸以及壶等高雅艺术品。

嵌记妙语

科学虽然伟大，但不能解释未知，我们需要先去看清世界是怎样的，产生兴趣，才能更好地使用科学。

不知。我们非要看清了世界之后才会对其产生兴趣。认识不了，一切都变得枯燥无味，虚无缥缈。很多的事实不是科学，那也不过是一篇索然无味的目录罢了。无法不解说这篇目录，用心灵之火让其化解开来；无法不发挥思想与理想之光的作用；无法不去诠释。

让我们去攀越这座高峰，以诠释圣甲虫的一举一动吧。可能我们能够将我们的逻辑用到圣甲虫身上去。不论怎么讲，看见理性对我们的安排与本能对动物的安排竟神奇地一致，是十分有意思的事。圣甲虫处在幼虫状态时有一个庞大的危机在威胁着它，那便是食物变得干燥。幼虫生活时期的地下洞穴的天花板是一层近十厘米厚的土层。这非常薄的一层土又如何能挡得住可以将土烤焦的大夏天的炙热？那炙热都可以将砖坯烧硬了。因此幼虫居室内的温度十分高，当我把手伸进去时，都觉得有股热气在向外冒。

食物至少得存放三四个星期，因此十分有可能在卵孵化以前变干，以至于变得不能为幼虫食用。当幼虫那嫩牙咬不到本来松软的面包而咬到硬似石头的硬皮时，可怜的幼虫将可能饿死，而且的确发生过因饥饿而死去的例子。我就察觉过有很多8月烈日的牺牲者，它们早就把松软的食物吃出一个大洞，之后因啃不了其他很硬的食物而死在吃出的那个大洞中。粪球留下的是一个厚大的壳，似一只无口的球状锅子，糟糕的幼虫在锅里被烤干了。

在那个干硬得似石头一样的厚壳里，幼虫即使变成了成虫那样也会被饿死的，毕竟它冲不破围城，逃脱不了。有关幼虫的彻底解放我之后还要讲，在这不多加赘述了。我们来关心一下幼虫的惨痛遭遇吧。我们讲了，食物变干对于幼虫来讲是要命的。我们看见的在厚壳中干死的幼虫就可以证实这一点。接下来要做的实验会更确切地证明这点。在 7 月那筑巢做窝的时节里，我在一些硬纸盒或杉木盒里放了一打当天早晨从产地挖出的梨形粪球。这些被封存起来的盒子被放到我实验室的黑暗地，那里的温度与外面的气温相同。最后，没一只盒子看到成果：要不就是卵干瘪了，要不然是幼虫孕育出来后不一会儿就死了。与此相反，在一些白铁盒或玻璃笼中的，情况却非常好，全都存活。

　　这种差别缘由何在？其实非常简单，在 7 月的高温气候下，硬纸板或杉木板隔热作用差，水分不一会儿就蒸发完了，因此梨形粪球就会变干，幼虫就饿死了。但白铁盒或玻璃笼则恰恰相反，隔热作用好，水分不容易蒸发，食物可以维持松软，因此幼虫就和在出生地的洞穴中成长得一样好。

　　圣甲虫避免食物干燥的方式有两点。第一点，它用它那宽臂的铠甲用力地压紧压实梨形粪球的外层，做成一层比中央均匀还紧密的保护性外皮。假如我把一个用这类方法制作的食品罐头弄碎，那层外皮经常会一瞬间脱掉，露出中间的核心来，这使我想到一只核桃的壳与核来。圣甲虫妈妈在按压时仅涉及几毫米的表层，因此就出现了一个外壳。它并没向深层按压，如此中间的那个大内核也便分出来了。<u>夏天最炎热的时期，为了使食物保持新鲜，家庭主妇会将面包放到密封的罐子里。而圣甲虫妈妈的方式起到了异曲同工的作用，它经过按压造成的外壳，来保护里面的孩子们的粮食。</u>

　　圣甲虫的一举一动远胜于此：它成了可以解决最小值的难题的几何学家。在其余一切条件全部一样的情况下，蒸发明显与蒸发面的大小成正比。所以，为了避免水分的丧失，就不得不让食物的面积尽可能地小；但又不得不让这个最小的面积包含有最多的营养物质，方便让幼虫吃好吃饱。那么，怎

嵌记妙语

经过不断地摸索，圣甲虫妈妈找到了保存新鲜食物的好方法。

样的形状才可以做到面积最小同时体积又可以达到要求呢？依几何学的回答，那便是球形。这是第二点。

圣甲虫依次将幼虫的食粮制作成球状，而梨颈暂且忽略一旁。这种球形并不是强加于圣甲虫一个必要的外形而随便地在机械状态下导致的结果，也不是在地上滚动而偶然得到的成果。我们已然看到了，为了更方便、较快地把聚集到的食物搬到其他地方去食用，圣甲虫将食物制成球形，可又没挪动它。总而言之，我们已默许这个球形在滚动前就做好了。

同样，我们也能马上认可，在洞底深的地方制作好了为幼虫预备的梨形。它不曾滚动过，甚至都不曾挪过地方。圣甲虫一切均依照所要的外形对它进行了制造，就像泥塑艺人用拇指造泥人一般。

圣甲虫运用自己配备的工具也可以制作出曲形不如梨形那么柔和的一些别的形状出来。例如，它就可以创造较毛糙的圆柱体，那是粪金龟经常做的香肠面包；它也可以马虎从事，让不曾固定形状的粪块是什么样就什么样。如果盲目从事，活儿就做得更快，它也便有更多的时光尽情享受阳光下的欢乐了。然而不是，圣甲虫特意选择制作梨形粪球，而这种形状要做得精确是非常不易的。它就像深知蒸发的规律以及几何学的规律似的制作出这种繁难的梨形粪球。

目前剩下的是弄清楚梨颈的事了。其功能、作用到底是什么？答案显然是：有极大的作用。孵化室便在梨颈部位，卵便在其中。然而全部的胚胎，不论是植物的还是动物的，都需要空气这个生命的原动力。为了令激发生机的空气这种助燃剂渗透进去，圣甲虫的梨形粪球也有和鸟蛋蛋壳上的气孔类似的设计。

为了防止过快地干燥，梨形粪球的外壳被压实变成一层很硬的外皮。它的营养核，也即蛋黄，为藏于外皮内的松软的球。它的透气室就是最上端的那个小屋，也就是梨颈上的那个小窝窝，里面的空气将胚胎紧紧围住。为了能呼气吸气，哪里会比孵化室更好的？其位于尖角上面，沐浴在空气里，气体可以穿过薄薄的壁自由地渗进渗出。

食粪虫中无人敢对作为重要条件的空气和水等闲视之。我们将来会有机会看到，食粪虫的食物块形状各不相同。除了梨形外，根据制作者的种类，还可分为圆柱形、鸟蛋形、球形、尖顶形等。然而，虽然是形状各不相同，首要的一点却是永久不变的：卵停留在紧靠表面的一间孵化室内，这是呼吸新鲜空气和吸热的良好方法。圣甲虫制作的梨形粪球在此类精巧艺术领域<u>独占鳌头</u>。

我前面刚提起过，圣甲虫这位上等的揉制工在揉制粪球时所表现出的逻辑性可和我们人类相媲美。就我们目前所知，我做的实验就证实了这一点，此外还有更好的证明。对于下面这个问题让我们的科学来阐释吧。胚胎是被包围在一大块食物里面的，而由于干燥，这大块食物很快就会变得无法食用。怎样加工这种食物块才好呢？为了易于呼吸到新鲜空气，吸收热量，把卵产在哪里好呢？

所提问题中的第一个问题已经解答过了。我们从所获知识中知道，蒸发和蒸发表面的面积大小是成正比的，因此食物应做成球状，因为球状体包含的物质至多而表面积又最小。关于虫卵，既然需要一个令它避免任何伤害性接触的保护套加以保护，就必须把它放在一个薄薄的圆柱形套子里，再使套子立在球体上方。

如此这样，便满足了所有必需的条件了，制作成球状的食物就可以保持新鲜了。被一个圆柱形薄套保护着的卵可以顺畅地呼吸新鲜空气，吸收热量。

词语解释

独占鳌头：鳌头，宫殿门前台阶上的鳌鱼浮雕，科举进士发榜时状元站此迎榜。科举时代指点状元。比喻占首位或第一名。

这必要条件虽然满足了，但那形状却实在难看。讲实用便就顾不得美了。

我们推理得出的粗糙作品被一位艺术家进行了加工。它将圆柱形修改为半椭圆形，显得优美雅致很多。它又在这个球体上制作出一个精妙的曲面，与球体依旧连接在一起，这就成了一个梨形，成了一个带颈的葫芦。如此一来，它就变成了一件艺术品了，十分美观。

圣甲虫所做的正是美学需要我们做的。它是否也拥有一种审美观？它知道自己制作的梨形很漂亮吗？它肯定是瞧不出梨形之美的。它是在地下一片漆黑中制作出来的。但它摸得出来。即使它的触觉不值一提，并且身披粗糙的角质外壳，但不论怎么说，自己对自己精心制作出来的外形轮廓是肯定会有感觉的！

圣甲虫的造型术

本章内容精简概括

圣甲虫这个雕塑家与专业的雕塑家们一样,为了自己的杰作闭门潜心制作。它们在处理粪料的方法上有两种情况:一种是在粪堆里选择优质食料随即揉制成小球,搓成圆形以后再滚动它。另一种情况是,在它从中选取粪料的粪堆周围挖洞,这种情况一般并不多见。

法布尔仔细观察了圣甲虫工作的部分流程,得知圣甲虫是在漆黑的环境下完成雕塑的,只要卵没安置好,圣甲虫妈妈就会坚持完成自己的工作。第一天观察发现,梨形粪球的颈端勾勒了出来。粪球雏形被拉成一个被压过的圆钝的凸起,形成一个边缘不正规的火山口。到此,活计便已初步完成了。法布尔再次观察时,火山口更深了,厚实的边口不见了,变得更细更薄,伸长即是梨颈。然而,粪球却没挪动过。其姿态、方位全部是法布尔原来所记下的模样。正如法布尔之前的推测:粪球并无滚动,只是受到挤压,然后揉制加工。第三次观察,卵产下来,工程业已完成,圣甲虫妈妈估计正在做磨光、修饰作业，因为它是非常追求粪球的几何形美的。

　　法布尔大概看清楚了卵的孵化室是如何建成的，圣甲虫将它刨土的那把大锯齿耙做抹刀和刷子用，将幼虫即将诞生的小屋抹得光滑。在梨颈的顶部有几根纤维立在那儿。圣甲虫妈妈一产完卵就会用塞子把那狭小的开口堵上。这个塞子结构松散，没有被拍打挤压过，这样孵化室内有足够的空气流通，而虫卵也因此免于受到挤拍所引起的震荡的危害。

西班牙蜣螂

　　为了虫卵，昆虫由本能所做的正是人遵从经过经验以及研究所获知的理性指导去做的，这一点却不是哲学微不足道的道理所能够解读的。所以，受到科学之严谨的启发，任何事都需小心对待。我这并非是要给科学一副令人憎恶的面孔，因为我确信人们即使不使用一些粗俗的词汇也可以讲出一些绝妙的事情来。清晰透彻是耍笔杆子的人的崇高手段，我要竭尽全力地做到这一点。所以，使我停笔思考的那种谨慎是属于其他范畴的。

　　我在询问自己，我这是不是受到某种幻想的欺骗。我心里在思考："圣甲虫和别的一些甲虫是粪球制作工匠。那是它们的手艺，不明白它们是从哪儿学的这种行当，或者是机体结构导致的，尤其是因为它们有长长的爪子，并且有的爪子还稍微弯曲。假如它们在为卵而忙碌的话，那它们在地下继续发挥自己那制作粪球的特长又有什么好奇怪的呢？"

　　倘若先撇开那些难以讲得透彻的梨颈和蛋形粪球突出的一端的话，剩下的就是最大的食物团，也即是昆虫在洞外制作的食物球团。再剩下的是圣甲虫在太阳地里玩耍的却不做他用的小粪球。

> **词语解释**
> 耍笔杆子：用笔写作，玩弄文字。

如此说来，此类在夏季酷热中被认为是最有效防止干燥的球形物有什么作用呢？就物理学来说，粪球及其相似形状粪蛋的此类特性是不用怀疑的，然而，这两种形状和已克服的困难仅有一种偶然的联系。机体结构致使其在田野里制作粪球的这种昆虫在地下仍在制作粪球。假如说幼虫直到最后都有软嫩的食物放在嘴边而悠然自得的话，那我们也就不需要对其母之本能大加赞颂了。

为了最终使自己信服，我就需要寻找一只仪表堂堂的食粪虫，它在平常生活中根本就不了解粪球制作工艺，但是到了产卵时节，它却会一反常态，把得到的材料制作成粪球。我家周围有这样的食粪虫吗？有的。它甚至是除圣甲虫外最美最大的一种，那就是西班牙蜣螂，其前胸截成一个险坡，头上也长着一个十分惹人注意的怪角。

西班牙蜣螂身材矮胖，蜷成一团，很是圆厚，行动缓慢，肯定对圣甲虫的体操技能一无所知。它的爪子很短，稍微有些风吹草动，就会把爪子缩回肚腹下端，与粪球揉制工们的长腿简直没法比。只需看看它那五短身躯、笨拙的样子，就极容易猜想得到它是根本不喜欢推着一个大粪球去远徙的。

西班牙蜣螂确实喜静不喜动。一旦找足了食物，夜间或许黄昏时候，它就会在粪堆下挖洞。挖的仅是个粗糙的洞，能放进去一只大苹果。而后，它三两下地一摆弄，粪料就成了屋顶，或者至少堆在其门口；体积很大的食物没有一个准形状地落进洞里，这也就是它贪馋好吃的证据。只要宝贝食物还剩余，西班牙蜣螂就不会返回地面，仅仅是一门心思地大快朵颐。直至饭尽粮绝，这种隐居生活才算是结束。因此，夜间，它就重新开始寻觅、收获、挖洞，再建另外一个临时居所。

有了这种无须事先准备便可吞食垃圾的本领，

很明显西班牙蜣螂眼下根本就不会去弄清楚揉捏粪球的工艺。再说其爪子短小、笨拙，好像根本无法干这类工艺活儿。

5月，最晚6月，产卵期就到了。西班牙蜣螂已习惯了拿最肮脏的粪料填满自己的肚子，现在是时候考虑自己的子女了，这让它很为难。就如圣甲虫一般，此刻它也不得不找到绵羊的软软的排泄物制成一个软面包。并且还得和圣甲虫一般，这个软面包必须营养丰富，可以就地整体地埋到地里，地面上不留一点残渣碎末，由于必须勤奋节俭，一点也不可以糟蹋。

它没有远行、运送和进行任何的预备工作，那个软面包便被划拉到洞中去，就在它的休憩之地。为了自己的幼虫们，它在反复进行着之前为自己所干的事情。对于地洞，足足有一个鼹鼠洞那么大，是个宽敞的洞穴，离地面深有差不多二十厘米。我发觉它比西班牙蜣螂大快朵颐时的那种暂时住宅要大很多，精美得多。

不过，我们依旧让西班牙蜣螂自由地做活儿吧。偶尔发现的情况所提供的资料也许是不完整的、片面性的，内在联系也不太明显。笼中的饲养就十分便于观察，蜣螂也非常配合。我们不如先瞧瞧它是怎样储备食物的吧。

在夜色朦胧的光线下，我看见它在洞门口出现了，它是从地下深处的地方爬上来收集食物的。由于在洞口后边我放了许多食物，因此它没用多久就找到了，并且我还用心地时时更换。它生来胆小，有点动静便随时打算缩回去，因此它步子很慢、不洒脱。它用头盔划拉、翻寻，用前爪拖拽，非常小的一块食物便搞出来了，但被拖散开来，搞成碎末。蜣螂将食物倒退地拖着，在地下消失。没到两分钟，它再次爬到地面上。它依然十分小心地，用张开的触角试探周边，之后才越出大门。

闯到与洞口相差五六厘米远的粪堆那儿，对它来讲乃是一件不得了的大事了。它宁可食物刚好在它洞宅门边，形成它住宅的屋顶。如此它就不用出门，以免担惊受怕的。但我却别有计划。为了观察轻松起见，我将食物放到门口，但距洞口不是很远。渐渐地，胆小的蜣螂安心了，来到露天里，走到我跟前，可我依旧尽可能不被它知道。它再次一次又一次地重复运送食物了，可它搬走的一直是一些没形的杂块、杂屑，如同是用小镊子夹住的一般。

我对它储藏食物的方式稍有了解，因此任凭它自己一直这样干了近一夜。天亮的时候，地面上什么也没了，蜣螂再也没出来。仅一夜时间，很多的宝藏就堆积起来了。我们首先等上一会儿，让它有空余的时间将自己的成果如它所愿地规整存放好。在这个周末以前，我在笼子中翻挖，将我先前看到它存放一部分食粮的那个洞挖开。

就像在郊外的洞中一般，那是个屋顶不平坦的宽大的大厅，屋顶低矮，可地面基本上是平的。在大厅一个角落，有一个圆洞展开着，如瓶口一样。那是太平门，通往一条地道，向上直到地面。在这块新土上挖好的住宅四周都被细心地压得紧实，我翻挖时即使有震动，也不会塌陷。由此看来，蜣螂为了以后，展示了所有的本领，用尽了所有挖掘工的力气，打造了牢固经用的住所。要是说那个仅是为了在里面喂饱肚子的陋屋是急忙挖好的，不但没有样貌并且不牢固的话，那么现在这所屋子就成了宽敞宏大的地宫了。我猜测是雌雄蜣螂齐心协力地做好了这项大工程。至少，我时常看见一对蜣螂待在用作产卵的洞里——这宽大华丽的屋子之前肯定是婚礼的彩堂。婚礼便是在这个大拱顶下进行的，而新郎肯定帮忙建了这座彩堂，用这样的方式来表明自己那不同凡响的爱情。我还幻想新郎也帮新娘收集和储存食粮。在我眼里，新郎是那样健壮，也一抱抱地将粮食运达地宫。两只蜣螂团结一致，这份精细的活儿很早就会完工。可是，只要屋内存粮已满，新郎就慢慢地退到地面，去别的地方安家立命：让蜣螂妈妈独立去做好妈妈的任务。雄蜣螂在这个家里的作用也结束了。

在这个我们看到有如此多的小粒粮食运过来的地宫中能发现什么呢？一大堆杂乱无章的散乱颗粒吗？肯定不是的。我在那里发觉的一直都是一整块的大圈面包，占据了一个屋子，仅在周围留有一条仅容蜣螂妈妈往来行走的窄小的通道。这块庞大的蛋糕无固定的形状，我看见过蛋形的，形状与大小像火鸡蛋；我也看见过扁平椭圆状的，形状像一个平凡的洋葱头；我还看到过基本上浑圆的，就像荷兰奶酪一样；我先前也看到过朝上的一面圆圆的，稍稍鼓起，就如普罗旺斯的乡下面包，或更如复活节时食用的蒙古包一样的烤饼。不论是什么形状的，表面都那么滑溜，曲线也相当柔和。这下我懂得了：蜣螂妈妈将前后搬运到洞的不计其数的乱碎食物规整起来，搓成一团，之后，它将这一整块食物揉拌、弄在一起、挤压成为颗粒均匀的食物。我数次看见这位女面包师站在那大面包上。与之相比，圣甲虫弄的那个小粪球真的是苍蝇见老鹰了。在这个偶尔有一厘米宽的粪球凸面上，西班牙蜣螂行走着，迈着步；它微微地敲打这个大面包，让它更加瓷实、均衡。我只好偷偷地瞥上一眼这风趣的一幕，由于一看到有人，女面包师就沿着弯弯的斜坡下滑，躲在面包底下。

为了进一步观察，探寻细枝末节，就不得不搞点花样。这不是很难。或许是由于我和圣甲虫长时间交往使我的研究方式更加灵活多样了，或许是西

同步思考

为了更深入地研究圣甲虫，应该用怎样的方法？

班牙蜣螂心不是很细，更可容忍窄小囚室的憋屈，因此我能无一丝阻碍、畅所欲为地观看筑巢的每个环节的状况。我运用了两种方式，每个方法都可以告知我某些不一样的东西。

在笼子里有了几个雌蜣螂做好的大面包以后，我就把蜣螂妈妈和这几个大面包一块弄出来，放到我的实验室里去。容器分两种，依我的意思让它们忽明忽暗。假如我想容器里有光亮，我便用大口玻璃瓶，直径基本上与蜣螂洞一样大小，也就差不多十二厘米。每个瓶子底下铺了一层薄薄的新沙子，薄得蜣螂不能钻入，可足够让它不停地在玻璃上来去滑动，并且还让它认为是与我刚使它搬离的地方相同的沙地。之后我将蜣螂妈妈和它的大面包一块放到这层沙子上。

不必指出，即使在非常微弱的光线下，蜣螂因害怕也不可能做出什么来。它需要全部没亮光，因此我就用一个硬纸板盒将大口瓶给罩上了。我只需非常小心地微微掀开一点这个硬纸板盒，就能够在我认为适合的日子随时借用室内的微光，偷看女囚正做什么，以至于能观看好一段日子。大家都看见了，这种方法比我那时想观看圣甲虫创造梨形粪球时所用到的方法简单很多。西班牙蜣螂性格还要温和一些，适合运用这类方法，假如用到圣甲虫身上也许就不行了。于是，我在实验室的大桌子上摆了一种能明能暗的容器。谁要是看见这一打瓶子，也许会误认为灰纸盒套底下盖着的是异邦的食品配方哩。

假如想要一点不透光，我便用花盆，里面放上新沙子。花盆底下形成一个窝，用硬纸板建个屋顶，遮住上面的沙子，蜣螂妈妈与它的大面包就放到窝里。或许干脆我就将它和它的大面包放到沙子上面。它能自己挖洞做窝将面包藏在里面，和平常一样。不论运用哪类方法，都需用一块玻璃片遮住，以免让俘虏逃脱。我盼望着这些不一样的、不透亮的容器能使我澄清一个难办的问题，这个问题我之后会说明白的。

这些用不透亮的纸盒框住的大口瓶能告知我们一点什么呢？能告知我们很多有意思的东西。它们使我们明白，这个大面包即使形状变化多端，可它一直是规则的，它的曲线并不是因滚动形成的。我们在查看自然洞穴时已十分明白，这个基本上占满整个屋子的圆球，是压根儿不能滚动的。再说，蜣螂也无这样大的力气去推动如此大的一个粪球。

经常地察看大口瓶都可以得出相同的结论。我看到蜣螂妈妈站在面包上，左敲右拍抹平突出的地方，把粪球规整得十分完善。我还从来没看到过它尝试把那个大家伙翻过来。这就非常明了了：圆面包并不是滚动而形成的。

蜣螂妈妈的勤劳细心使我想起我之前从没想到的一个问题：创造这么久的时间。为何要对这块大东西转辗反侧地一补二修？为何在吃它以前要等候那么久的时间？我可以肯定，要经历一个礼拜或许更久的时间以后，蜣螂将面包打磨好，变得光鲜以后才决定享用它。

当面包师把面团和好拌均以后，它便把它弄成一团放到和面槽的某个角落里。在体积大的块团里，面包发酵的气温调整得更好。蜣螂深谙面包制作这一秘诀。它将搜集到的食物放在一起，细心揉做，做成粗样，之后再让它有时间去完成内部发酵，让粪球味儿更美，并让它有相对的硬度，以便于今后的加工。一旦这道程序还没做好，女面包师和伙计就得等候。对蜣螂来讲，这段时间很久，起码得等候一个礼拜。

发酵好了。小家伙把大面团分为小面团，女面包师也那么做。它用头盔上的大刀和前爪上的锯齿把面团切开一个圆槽口,并切下一小块体积合适的面团来。这个切割动作干净利索,一刀见形,不用修补,绝对符合需要。

　　接着就得做这个小面团了。因此,蜣螂就用它那好像并不适合这种工作的短小的爪子尽可能抱上小面团,使用其仅能够使用的压挤方式将小面团得以挤压。它十分仔细执着地在还没成型的粪球上走动着,有模有样地四处挤压,之后又一直用心、仔细地加以装饰。这样足足进行了一天一夜。而后,凹凸不平的粪团就变成了像梨子般大小的完美的球形面包了。在其拥挤狭窄的车间的一角,矮胖的艺术家几乎待在原地一动不动地完成了自己的杰作,并且也没挪动过那个面团一次。通过耐心细致的长时间工作后,它最终制作成了那个非常浑圆的球形,然而它那笨拙的工具和狭窄的空间让人觉得这是根本不可能完成的事。

　　它还得花费较长的时间去仔细完善、抹平那个球形,用爪子柔情地翻来覆去地涂抹,直至把所有突出部位都给抹掉为止,看上去它那小心翼翼的涂抹没有止境似的。然而,临近第二天的傍晚时分,它以为这个圆球已经可以了。蜣螂妈妈爬上它的建筑物的圆顶,一直在挤压,在其上面压出一个不太深的火山口来。它将卵产在这个小口里了。

　　而后,它使用非常粗糙的工具,以很大的谨慎和惊人的细致促使火山口聚拢起来,建成一个拱顶,盖在卵的上部。蜣螂妈妈轻轻地转动,将粪料一点一点地耙拢,推往高处,封上顶部,这是各个工序中最<u>棘手</u>的工作。稍微压重或者扒拉得不到位,都会危及薄薄的天花板下的虫卵。封顶的工作常常要停一停。蜣螂妈妈低下头,动也不动地屏息倾听,看看洞内有什么不寻常之处。看来没有问题,接着,耐心的妈妈又开始忙碌起来:从两侧一点点朝屋顶

词语解释
棘手:荆棘刺手。比喻事情难办或难以对付。

耙粪料，屋顶渐渐变尖、变长。一个顶端很小的蛋形就这样取代了球形。在或多或少有点凹凸的蛋形下面就是虫卵的孵化室。这类细致的活计还得花上整整一天。先加工粪球，在粪球上面挖出个小盆，把卵产在盆里，将圆盆封顶盖住虫卵，这些工序总共需要两天两夜，有时还要更长一些。

蜣螂妈妈便又回到了那个切去一块的大面包旁边。它再一次切下一小块，用同样的操作法将它变成一个蛋形粪球，在另一个小盆中产下卵。剩下的粪球面包还可以做第三个，甚至还时常可以做第四个蛋形粪球。蜣螂妈妈在洞穴只堆积了唯一的一个粪料堆，以我之见，最多可以做四个蛋形粪球。

产下卵后，蜣螂妈妈就会待在自己那小窝里，里面差不多满满地堆放着三四只摇篮，一个紧贴着一个，尖的一头朝上。现在它要做什么呢？估计是想要出去转转，这么久没吃东西得恢复一下体力了吧？谁要有这种想法就大错特错了。它依旧停留在窝里，自从它进入洞里，它就没吃过东西，就连碰也没碰过那个大面包。大面包已经分切成几等份，便是其子女们的食粮。在疼爱子女上，西班牙蜣螂克制自己的精神实在十分感人，宁愿自己挨饿也绝不会让子女少吃短喝。它如此这般忍受饥饿还有第二个原因：守卫在摇篮边上。从6月底起，地洞就很难弄成了，因为雷雨大风和行人的踩踏，洞全都消失了。我所见到的几个洞穴里，蜣螂妈妈经常在一堆粪球边上打盹儿，每个粪球里都有一条已完全发育的胖嘟嘟的幼虫在大吃大喝着。我使用那些装满新沙子的花盆做的不透亮的容器里的情况证实了我从田野上所碰到的情形。蜣螂妈妈们在5月上旬和食物一起被埋进沙里，它们就再也没有在玻璃罩下的地面上出现过。产卵之后，它们就在洞中隐居了。它们和它们的那些粪球一起度过炎热干燥的伏

> **同步思考**
>
> 蜣螂妈妈在产下卵后会出去吃东西吗？

词语解释

天伦之乐：天伦，旧指父子、兄弟等亲属关系。泛指家庭的乐趣。

嵌记妙语

大多数昆虫妈妈产卵结束随即离去，但蜣螂妈妈不一样，它也因此得到了少有的天伦之乐。

天，情况是这样的：我将大口玻璃瓶盖子揭开时所看到的便是它们在守护着那些摇篮，直至9月前几场秋雨过后，它们方才爬出来。而此时新一代已经成形了。蜣螂妈妈在地下非常高兴地看到子女们长大了，这在昆虫界是极其少有的天伦之乐。它听到自己的孩子们摩擦着茧子想要破茧而出，它看到它如此精心加工的保险箱被打破。倘若地面的湿气没能令囚室变得软一些的话，它或许会走上前去帮自己那些筋疲力尽想出却出不来的孩子。妈妈和它的孩子们一起离开地洞，一同上来迎来秋高气爽，这季节，太阳暖暖的，路上的天赐美食到处都是。

米诺多蒂菲

本章内容精简概括

米诺多蒂菲是一种体形较大、与地下打洞的昆虫血缘非常相近的黑色鞘翅目昆虫，它的名字源于希腊神话中在地下迷宫中吃人肉的公牛米诺多和寓言里的巨人族蒂菲，是一类平和无害的昆虫。雄性米诺多蒂菲胸前长有三根一束的平行向前伸的锋利长矛。

它们喜欢露天沙土地，沿路的羊粪蛋是其日常美餐，兔子的细小粪便则是排名第二的食物。

在3月的头几天，米诺多蒂菲夫妇开始齐心协力修窝筑巢。此前一直分散着的它们现在开始要共同生活较长的一段时间。雄性一辈子都为储备粮食奔忙，是天生的搬运工，它通过对方身体中散发出的独特气味来辨别自己的情人。同时法布尔通过实验发现它们相互间信守着山盟海誓。

米诺多蒂菲住在一口深井中，为了研究它们，法布尔在家人的帮助下挖了好几个小时才挖到底，终于将米诺多蒂菲夫妇及其卧房弄到手。它们分工明确：雌性米诺多蒂菲待在深一点五米的洞穴底部负责挖洞，而其丈夫则待在其上方不远处负责搬运浮土；能工巧匠的妈妈变成了女面包师，把为孩子们准备的糕点揉制成圆柱形，而米诺多蒂菲爸爸则为它做小工，为妈妈从外面运进来面食原料。

洞穴中间有一整块土，土中有一个呈香肠状的食品罐头，里面装着为幼虫准备的各种食物，其中就有已压碎了的羊粪蛋。幼虫生长在离罐头不远的粗糙的废墟堆里，为了吃到食物，它们必须费很大力气才能得到。夫妻俩制作香肠的过程充满艰辛，在完成使命后先后光荣地死去。

南美潘帕斯草原的食粪虫

　　踏遍全球，游遍五湖四海，走过南北极，观察生命在不同气候条件下的无穷无尽的变化状况，对于善于考察研究的人来说这绝对是最幸运的事。鲁滨孙的漂流令我欢喜兴奋，我年轻的时候就揣着他那种美妙的奇想。但是，紧接着环游世界那美丽梦幻而来的却是郁闷和蛰居的现实。印度的热带丛林、巴西的原始森林、南美大兀鹰喜欢的安第斯山脉的崇山峻岭，全部缩作一块作为探察场的荒石园了。

　　但是上苍庇佑，让我并没有为此而埋怨个不停。思想上的收获并不一定需要长途跋涉。让·雅克在那金丝雀生活的海绿树丛中采集植物；贝尔纳丹·德·圣皮埃尔偶然在她窗边生长的一株草莓上发现了一个世界；萨维埃·德·梅斯特尔将一张扶手椅当作马车在自己的房间里进行了一次世界著名的旅行。

　　这种旅行方式是我可以做到的，但没有马车，因为在荆棘丛里驾车很不容易。我在荒石园附近上百次地一段一段地绕行，我于一处又一处人家停留，悉心地询问，间隔如此长一段时间，我就可以得到

> **词语解释**
>
> 蛰居：长期隐居在某个地方，不出头露面。
> 让·雅克，即卢梭，与后二人皆为法国18—19世纪的作家。

> **嵌记妙语**
>
> 从身边的小世界中也可以发现大世界。

零零星星的答案。

我对昆虫的小村镇一点都不陌生；我在这个小村镇里弄明白了螳螂栖息的种种细枝，我了解了苍白的意大利蟋蟀在安静的夏夜轻轻吟唱的所有荆棘丛；我熟悉了披着黄蜂这个棉花小袋编织工耙平的棉絮的全部小草；我走遍了切叶蜂这个树叶的剪裁工出没的所有丁香矮树丛。

倘若说荒石园的角角落落的踏勘还不够的话，我便跑得更远些，可获得更多的贡品。我绕过周围的藩篱，在大概一百米处，我和埃及圣甲虫、天牛、粪金龟、蜣螂、蟊斯、蟋蟀、绿蚱蜢等进行了接触，总而言之我和一大群昆虫部落有了接触，想要弄清楚它们的进化史，就得耗尽一个人整个一生。显然，我和自己的近邻接触就足够了，不用长途跋涉跑到很遥远的地方去。

再者说踏遍全世界，将注意力分散在如此多的研究对象上，也不是在观察研究。四处旅行的昆虫学家可以将自己所得的许许多多的标本钉在标本盒内，这是专业词汇分类学家以及昆虫采集者的兴趣，然而收集详尽的资料却是另一码事。他们是科学上到处奔波的犹太人，没时间停下来。在他们为了研究这样那样的事实时，便可能要停在一个地方很久，但是，下一站又在督促着他们上路。我们便不要令他们勉为其难了。便让他们在软木板上钉吧，就让他们用塔菲亚酒的短颈大口瓶去浸泡吧，就让他们将耐心观察、费时费力的工作留给深居简出的人吧。

这便是为何除了专业分类词汇学家列出的枯燥乏味的昆虫体貌特征之外，昆虫的历史极其匮乏的原因所在。异国的昆虫数目繁多，难以数计，它们的习性我们几乎一直都不清楚。但是我们可以将我们眼前所见到的情景和别处发生的情况相

词语解释

塔菲亚酒：西印度群岛的一种甘蔗酒，是朗姆酒的雏形。

比较。看一看同一类昆虫在不同的气候条件下有着怎样基本的变化是十分有益的。此时，无法远行的遗憾重新涌上心头，让我比以前任何时候都更加觉得无可奈何，除非我从《一千零一夜》的那张魔毯上寻找一个座位，向我想要去的地方飞去。啊！多么神奇的飞毯啊，你肯定会比萨维埃。德·梅斯特尔的马车更加舒适。只是希望我可以在你上面找到一个可坐的角落，携带着一张往返机票！

我果真找到了这个地方。这个难以想象的幸运是基督教会学校的修士、布宜诺斯艾利斯市萨尔中学的朱迪利安教友给我带来的。他平易近人，他不愿接受那些受其恩泽者表示的谢意。我在此仅想说，依照我的要求，他的两眼替代了我的双眼。他寻觅、发觉、查看，之后把他的笔记和发现的材料寄给我。我拿通信的方法和他一起寻觅、发觉、查看。

我终究成功了，幸亏了这样不凡的合作人，我在那张魔毯上找到了座位。我如今到了阿根廷共和国的潘帕斯大草原，希望将塞里昂的食粪虫的本领和其相对的半球上竞争者的本领比较一下。

开始非常好！偶然相遇竟让我第一个获取了法那斯米隆那美丽的昆虫，全身黑中有蓝。

雄性法那斯米隆前胸有个凹下的月牙形，肩部有锐利的翼端，额上立着一个能与西班牙蜣螂媲美的扁角，角的尾端是三叉形。雌性则以平常的褶皱替代了这美丽的装饰。雄性与雌性的头罩前部皆有一个双头尖，必定是一个挖掘工具，并且是用作切割的手术刀。这类昆虫短粗、健壮、呈四角形，使人联想到<u>蒙彼利埃</u>四周十分少见的一种昆虫——奥氏宽胸蜣螂。

假如能力跟形状相符的话，那我们就应毫不犹

> **词语解释**
>
> 蒙彼利埃：在法国南部，地中海沿岸，经莱兹河与海互通，是法国第六大城市，也是法国西南部最关键的商业、工业中心。

豫地把像奥氏宽胸蜣螂创作的同样既粗又短的香肠面包归之于法那斯米隆。啊！每每涉及本能的问题时，昆虫的体形构造就会造成误导。这种脊背正方、爪子短小的食粪虫在创作葫芦时技艺非凡。连圣甲虫都无法制作如此有模有样，特别是个头儿又如此大的葫芦。

这类粗壮短小的昆虫创作的东西之珍贵叫人颔首称赞。这种葫芦创作得这样合乎几何学要求，真的无可挑剔：葫芦颈不是很细长，然而能把高雅与力度融为一体。它好像是以印安人的某种葫芦为模型创作的，它细颈半开，鼓凸的地方刻有美丽的格子纹饰，那是这种昆虫的跗骨的痕迹。它似乎是用藤柳条镶护着的一只铁壶，大小能够达到甚至超过一只鸡蛋。

这真是一件无价之宝，特别是这居然出自一个外形愚笨、粗短的工人。不，这又一回证明工具不可以成就艺术家，人和虫都是这么个理儿。引导创作工匠完成杰作的有比工具更关键的东西：我指的是"头脑"——昆虫的智慧。

法那斯米隆不但对麻烦不以为然，它还对我们的分类学满不在乎。一讲食粪虫，就解释为牛粪的火热仰慕者。但法那斯米隆之所以器重牛粪既不是为自己食用也不是为自己的幼虫们享用。我们时常会看到它在家禽、狗、猫的尸骨架底下待着，因为它需要尸体的脓血。我所描绘的那只葫芦就是竖在一只猫头鹰的尸体底下的。

这种将埋葬虫的胃口和圣甲虫的才干结合在一起的昆虫，谁想怎么看就怎么看吧。我啊，我不愿去阐释这种现象，由于昆虫的一些怪癖嗜好让我迷惑不解，它们的这些嗜好好像没人可以根据它的外形得出判断。我了解在我家周边就有一种食粪虫，它也是尸体残骸唯一的享用者。这就是粪金龟，是光临死鼹鼠与死兔子的常客。可是，这种侏儒殡葬者并不为此就瞧不起粪便，它同别的金龟子一样依旧大吃不误。可能它有着两种饮食法则：奶油球形蛋糕是喂养成虫的，但稍微发臭的口味浓厚的腐肉食料便是喂养幼虫的。

类似的情况，在其他的昆虫、口味方面也一样存在。捕食性膜翅目昆虫汲取花冠底端的蜜，但它喂自己的幼虫时却用的是野味的肉。同样的一个胃，先食野味肉，后喝取糖汁。这样消化用的胃囊在成长过程中必须产生变化吗？不论怎样，这种胃和人类的胃一样，青年时爱好的食物到了老年的时候就腻烦讨厌了。

让我们更深地观察探究一下法那斯米隆的佳作。我得到的那些葫芦全部干透了，硬得基本和石头相同，色彩也变为浅咖啡色了。我拿放大镜细心观察，里外都没找到任何木质碎屑，这种木质碎屑是牧草的一个解释。这么讲，这奇怪的食粪虫没运用牛屎饼，也没运用一丁点相似的粪料，它是用别的材料创作自个的产品的。那么它究竟用的是什么材料呢？

一开始是很难搞明白的。我将葫芦放到耳边晃动，有少许的响声，如同是一个干果壳里头有一粒果仁在随意摇晃时产生的声响一般。葫芦是否有一只因干燥而收缩了的幼虫呢？我起先始终是这样想的，可我弄错了。那里面有比这还好的东西，这能让我增长很多见识。

我十分小心地用刀尖弄破葫芦。在一个相同材质的均匀内壁——我的三个标品中最大的一个的内壁居然厚达二厘米，中间镶着一个圆圆的核，结结实实地填充在内壁孔洞里，但却与内壁没有一丝粘贴，因此能够随意地摇晃，所以我摇晃时它就发出了响声。

同步思考
令葫芦里发出响声的是什么东西？

就色彩和外貌来讲，内核与外壳相差无几。可是，把内核弄碎，认真查看碎屑，我便从中找到一些碎骨、绒毛絮、皮肤片、细肉块，它们完全被混在仿佛巧克力的土质糊状物里。

我将这种糊状物在放大镜底下开始筛选，去掉了尸体的破碎物以后，放在红红的木炭上烤，它马上变成黑黑的了，表层掩盖着一层鼓胀的光亮物，并冒出一股呛人的烟，很轻易闻出那是烧坏的动物骨肉的味道。这个核完全浸透了腐尸的脓血。

我对外壳进行相同处理后，它也一样变黑了，但黑的程度没有核那样深。它基本上不怎么散发烟雾，它的外层也没覆盖一层十分乌黑的鼓胀物，它无任何和内核所含有的那些腐尸的碎片一样的东西。内核与外壳通过烧烤以后，它的残余物都转换为一种很细的红黏土。

经过这些大致的观察分析以后，我们知道法那斯米隆是怎么进行烹饪的。提供给幼虫的食品是一种酥馅饼……肉馅是用它头罩上的两把手术刀和前爪的齿状大刀把尸体上可以弄出来的一切东西全部剔出来制成的，有下脚毛、绒毛、弄碎的骨头、细状的肉和皮等。开始时，这种烤野味的调料拌稠的馅呈浸泡腐尸肉汁的细黏土冻状，如今变得硬似砖头。最后，酥馅饼的糊状外表成就了黏土硬壳。

这位糕点师傅对它的糕点做了包装，用圆花饰、流苏、甜瓜筋囊加以美化。法那斯米隆对这厨艺美学并不是外行，它将酥馅饼的外壳制成葫芦状，并装饰上指纹状的饰纹。

这种不能食用的外壳在肉汁中沉浸的时间很短，由此可见，它并不受法那斯米隆的追捧。待幼虫的胃越来越皮实了，能够消受毛糙的食物时，它就刮少许内壁上的东西充饥，这一点也许会做的。可是，全面地看，一直到幼虫长大可以出走以前，这个葫芦始终完好无缺。它不但开始时是维持馅饼新鲜的守护神，而且一直都是隐居其间的幼虫的保险柜。

在糊状物的上面，紧靠着葫芦的颈端，被规整成一个黏土内壁的小圆屋，这是全部内壁的伸延部分。一块用相同材质做成的相当厚的地板将它与食粮隔开。这便是孵化室，卵就生在这儿，我在那看到了卵，只不过已经干了。幼虫在这个孵化室里孵化出来，首先得打开一扇隔在孵化室与食粮之间的活动门，才可以爬到那个可食的粪球处。

幼虫出生在一个高于那块食物并和它并不互通的小保险柜里。新生幼虫自己不得不立刻钻开那食品罐头盒盖。之后，待幼虫在那罐头食品上面待着时，我确实发现地板上钻了一个正好可以使它钻过去的孔。

这块包着很厚的一层陶质覆盖层的味美的牛肉片，根据慢慢孵化的需求，长久地保持新鲜。如何达到这一目的呢？我还是不明白。卵在其同样是黏土质的小屋里安枕无忧地待着，完好无缺。至此为止，所有都十全十美。法那斯米隆深谙构造防御工事的秘密，熟知食物过早地发干的危险。如今剩余的是胚胎呼吸的需求问题了。

为了处理这个呼吸问题，法那斯米隆也是别具匠心、智慧非凡的。葫芦颈端顺着轴线打开了一条最多仅能插进一根细麦管的地道。这个闸道口开在孵化室内部顶端最高处，在外部则开在葫芦柄的尾部，呈喇叭形半张开。这便是通风管道，它十分窄小并且又有灰尘挡而保持通畅，于是便预防了外来的侵略者。我可以说这是简便但难得的佳作。我如此说是不可能错的。假如说如此的一个建筑是偶然

嵌记妙语

食粪虫妈妈产卵时会把它们产到高于食物的与食物互不相通的小保险柜里，当幼虫出生后，必须自己打通通往食品罐头的路，这是它们的胃驱使它们这样做的，也同样是它们的本能所致。

的结果的话，那么不得不承认茫然的偶然却富有一种不同寻常的真知灼见。

这种愚钝的昆虫是如何建好这项复杂的工程的呢？我在以一个旁观者的眼光察觉这南美潘帕斯草原的昆虫时，只有上述这个工程构造在引诱着我。从这个工程构造上能够不出大错地推断出这个建筑工所运用的方法。因此，我就这么设想了它的工作开展情况。

它首先遇上了一具小昆虫尸体，尸体的渗液使下面的黏土变松软。所以，它根据软黏土的大小多多少少地收集起来。收集的多少并无明显的规定，倘若这种软黏土非常之多，收集者便会大加消费，粮仓亦会更加牢固。如此一来，制成的葫芦便特别地大，比鸡蛋的体积还要大，尚有一个二厘米厚的外壳。只是，如此一大堆的材料远远超出模型工的能力，以至于加工得很不好，自外观看上去，一眼就可看出这是劣质劳动的结果。若是软黏土很稀少，它就会严格节省着使用，这样它的动作便会自然得多，弄出来的葫芦反会匀称整齐。

那黏土或许先是通过前爪的按压和头罩的劳作变成球形，然后挖出一个非常宽非常厚的盆形。蜣螂和圣甲虫便是如此做的，它们于圆粪球的顶部挖出一个小盆，在对蛋形或者梨形做最后打磨之前，将卵产在小盆里。

在此第一项劳作中，法那斯米隆仅是一个陶瓷工。无论尸体渗液浸润黏土是如何不充分，只要有了可塑性，任何黏土对它来说均是能够加工制作的。

如今，它成了肉类加工者了。它使用它那带锯齿的大刀从腐尸上切、锯下一些散碎小块来，它边撕边拽，将它认为最适合幼虫口味的部分弄下来。此后，将这些碎片统统聚集起来，再将它们同脓血最多的黏土混合在一块。这一切搅拌得十分均匀，就地造成了一只圆粪球，不用滚动，如同其他食粪虫制作自己的小粪球一样。另外说一句，这只粪球是按照幼虫的需要量制造的，不管最后那只葫芦有多大，它的体积几乎保持不变。现在酥馅饼做成了，它被放进张开大口的黏土盆里放好。它没有挤没有压，以后能够自由转动，不会与其外壳有任何粘连。此时，陶瓷制作的活儿便又开始了。昆虫使劲挤压黏土盆厚厚的边缘，为肉食造好模套，最后使肉食的顶部被一层薄薄的内壁包裹住，而其他部分则被一层厚厚的内壁包住。顶部的内壁上，留下一个环形软垫，这儿的内壁的厚度与日后在顶部钻洞进粮仓的幼虫的弱小程度成正比。此后，这个环形软垫也进行压模，变为一半圆形的窟窿，卵便产在其中。通过挤压黏土盆的边缘，使其慢慢封口，变为孵化室，制作葫芦的工序就宣告结束了。这道工序更加需要高超的技艺。在制作葫芦柄的同时，需一边紧压粪料，一边沿着轴线留出通道当作通风口。

　　我觉得建造这个通风闸口非常困难，那是由于计算稍微有点偏差，这个狭窄的口子便会立刻被堵住了。我们最优秀的陶瓷工中最心灵手巧的工匠若是缺少一根针的帮助也是干不成这件活儿的，它将针先垫在内部，完成之后，就将这根针抽出来。这种昆虫是一种用关节连接的机械木偶，它在没有意识的情况下，便挖出了一条通过大葫芦柄的通道。若是它想到了，兴许就挖不成了。

　　葫芦制作完成后，便得对它粉饰加工了。这是一件费时又费力的活儿，要使曲线精美流畅，并且在软黏土上留下印记,和史前的陶瓷工用拇指尖印在其大肚双耳坛上的印记相同。

这件活计完成了。它便会爬到另一具尸体下面重新开工,因为一个洞穴仅有一只葫芦,多了便不可以,和圣甲虫制作它的梨形小粪球类似。

粪金龟和公共卫生

本章内容精简概括

有一种公共卫生要求在最短的时间内把所有腐烂的东西全部清除干净。大自然为乡间田野创造了两类清洁工，第一类便是苍蝇、葬尸虫、<u>皮蠹</u>、食尸虫类、阎虫科，它们专一于尸体解剖。第二类则是食粪虫。摩西训诫的忠实执行者——食粪虫，消灭并掩埋带菌物质。

可以说哪里有粪便，哪里就有食粪虫，随即留下的污秽物会被它立即挖出一个井坑深深埋在里面，不再产生危害。这帮掩埋工所搞的服务工作对于野外的环境卫生意义十分重大，法布尔劝诫我们要善待这些食粪虫。从事这种工作的卫士是粪金龟，常见的有两种，粪类粪金龟和伪善粪金龟。法布尔喂养了十二只这样的两种昆虫，发现它们有令人惊叹的本领，即在一夜间就能掩埋大约一立方米的粪便，对于无法消费的食物则会运回自己的仓库里。它们往地下输送的食物远远超过其日常之所需。

法布尔认为，土壤的净化在非常大的程度上得以实现，并且有这么一支辅助性的劳动大军在作贡

> **词语解释**
>
> 皮蠹（dù）：鞘翅皮蠹科甲虫，以毛皮、谷物、角质、毛发等为食。

献，公共卫生的保持也才会有希望。另外，植物和因植物的连锁反应而连带的一大批生物也得益于这种掩埋工作。

粪金龟在几场秋雨浸透土壤后，便开始建造自己的住宅，法布尔发现有的洞深竟达一米甚至更深。他感叹：粪金龟是熟练的挖井工人，无人能及的打洞者。若为子孙建造住宅，则需要在四五个星期内为子女准备很多吃的及住处，而时间有限，便无法长时间去挖掘深井了。

隧蜂

你熟悉隧蜂吗？大概不熟悉吧，不过这也无碍：就算不熟悉隧蜂，照样能够品尝人生的种种温馨甜蜜。但是，若是你有兴趣去了解，那么此类不显眼的昆虫却会告诉你许多奇闻逸事，并且，若是你想对这个纷繁复杂的世界有更多了解的话，不妨跟隧蜂打个交道，这并非一件让人鄙夷不屑的事。既然我们现在拥有空闲的时间，那就熟悉熟悉它们吧，我们能够从中得到不小的收获。

词语解释
鄙夷不屑：指轻视，看不起。

如何来识别它们呢？它们是一些酿蜜工匠，体形一般比较纤细，相比我们蜂箱中所养的蜜蜂而言，更加修长。它们成群结队地生活在一块，身材以及体色又各不相同。有的比一般的胡蜂个头儿要大些，有的又和家养的蜜蜂大小相同，有的还要更小一些。如此多种多样，会使无经验的人束手无策，只是，有一个特征是永远无法改变的。任何隧蜂都可清晰可辨地烙有本品种的印记。

你瞧瞧隧蜂肚腹背面腹尖上那最后一道腹环。它上面存在一道光滑明亮的细沟。在隧蜂处于防卫状态时，细沟便会忽上忽下地滑动。这条似出鞘兵器的滑动槽沟能够确认它是否是隧蜂家族成员之一,无须再去辨别它的体形、体色。在针管昆虫属中,其他任何蜂类都没有这种新颖独特的滑动槽沟。这便是隧蜂的最明显标记,仿佛隧蜂家族的族徽。4月之时,工程小心翼翼地开始了,若非一些新土小包的话,外部是一点也看不出的,外面工地上没有任何动静。工匠们很少跑到地面上,因为它们在井下非常忙碌地工作着。不时某些地方会有这样一个小土包的顶端晃动起来,随即就顺着圆锥体的坡面滑落下去,这是某个工匠做成的,它将清理的杂物抱出来往土包上推,不过它自己并没有露出地面。眼下,隧蜂仅仅忙乎这种事。

　　带着阳光以及鲜花的5月到来了,4月里的挖土工现在变成了采花工。我无论什么时候都能够看见它们待在开了天窗的小土包顶上,每个身上均沾满了黄花粉。个头最大的是斑纹蜂,我常常看见它们在我家花园小径上筑巢造窝。我们详细地观察一下斑纹蜂。每当储藏食物的活计忙起来的时候,总会冷不丁地来了这么一位不速之客与它们分享食物。它将使我们亲眼看到什么是强抢豪夺。

　　5月时节,上午10点钟左右,在储备粮食的工作干得正欢时,我天天都会去察看一番我那人口稠密的昆虫小镇。我在太阳底下,坐在一把矮小椅子上,猫着腰,两臂支膝,不动声色地观看着,直至午饭以后。吸引我注意的是一个吃白食者,是一种喊不上名字的小飞虫,不过却是隧蜂的凶狠的暴君。

　　这歹徒会有名姓吗?我想肯定是有的,只是我却不想浪费时间去查询此种对读者来说并没有什么意义的事情。花费时间去弄清枯燥的昆虫分类词典上的解释,倒不如将清楚明白的叙述事实提供给读者。我只需简单描绘一下这个罪犯的体貌特征便可以了。这是一种长约五毫米的双翅目昆虫，胸廓深灰色，面色净白，眼睛深红，上面有五行细小黑点，黑点上长有后倾的纤毛，腹部为浅灰色，腹下方苍白，爪子为黑色。

在我所观看的隧蜂中，它的数量非常多。它经常蜷缩着静候在一个地穴附近的阳光下。只要隧蜂满载而归，爪上沾满黄色花粉之时，它就会冲上前去尾随着隧蜂，前后左右地飞来绕去、紧追不放。最终，隧蜂忽然钻入自家洞中，这双翅目食客便随即迅速落在洞穴入口附近。它头朝着洞门纹丝不动地静候着隧蜂干完自己的活计。隧蜂最终又露面了，头以及胸廓探出洞穴，在自家门前停留片刻。那吃白食者依旧纹丝不动。

它们经常是不动声色地面对着面，相隔不到一指宽。隧蜂并未戒备伺机偷食的食客，至少我们从它平静的外表上无法看出来。而食客也丝毫未担心自己的妄行会惹来怎样的惩罚。面对一根指头就能将它压扁的巨人，这个侏儒却依旧<u>岿然不动</u>。

我原想看见双方有哪一方显得害怕起来，但没能如我所想：毫无迹象表明隧蜂已知晓自己家中将遭遇打劫之灾，而食客也没表现出丝毫因会遭遇残酷处罚而该有的顾虑。打劫者同受害者彼此仅是对视了一会儿罢了。

体形庞大宽厚仁慈的隧蜂只要自己情愿，就能够用它的利爪将这个毁它家园的小抢匪开膛，能够以大颚压碎它，用螯针扎穿它，但隧蜂根本就不以为然，任由那个小抢匪血红着眼丝毫不动地盯住自家的宅门。隧蜂为何要表现出这种看起来愚昧的大度呢？

隧蜂飞走了，小飞蝇马上大摇大摆地飞入洞中。

> **词语解释**
>
> 岿然不动：像高山一样挺立着一动不动。

如今，它能够在储备室里任意地挑选了，由于全部的储备室都敞开着的，以至于它还趁机打造了自个儿的产卵室。在隧蜂自己爪子上粘足花粉，胃囊中饱含糖汁回归以前，没有人会干扰它，因为隧蜂干完这些事需花费很长时间，而擅闯民宅者要做坏事也不得不拥有足够的时间。可罪犯的计时器十分精准，可以精准地计算出隧蜂在外的时间。当隧蜂从野外回来时，小飞蝇早就逃之大吉了。它飞停在距洞穴不远的地方，占领一个便利位置，等待再次打劫的时机。

如果小飞蝇正在打劫时，被隧蜂忽然撞到，会发生怎样无法想象的情况呢？我看到一些胆大的小飞蝇随着隧蜂钻到洞内，并停留了一段时间，而隧蜂正急着研制花粉与蜜糖。当隧蜂掺兑甜面团时，小飞蝇还不能享用，因此它就飞离洞外，等候在洞边。小飞蝇回到太阳地里，并不害怕，步伐稳定，这显然证明它在隧蜂的洞穴深处并未碰到什么棘手的事。假如小飞蝇过于急于求成，绕着糕点一直在转，那它后颈上定会挨上一巴掌，这是糕点主人会有的动作，但也就这样罢了。侵略与被偷者之间并没起厉害的冲突。这一点，从侏儒步伐平稳地由忙碌的巨人洞穴里全身而退，安然自若地飞出的模样上就能看得出。

当隧蜂不论是硕果累累还是毫无所得地回到自己家中时，总要反省一会儿，它快速地靠着地面前前后后地飞上一会儿。它的这种无秩序飞行让我起先想到的是，它在尝试以一种杂乱的轨道迷惑偷窃者。它的确有这么做的必要，但它好像并没有那样的高智商。它所害怕的并不是敌人，而是找到自家宅门时的麻烦，由于周围相似、叠起的小土包易于混淆它的视线。昆虫小镇街窄巷小，再加上天天都有新的杂物清除出来，小镇外貌日新月异。它的踌躇不断十分明显,因为它时常摸错门,闯进别人家中。一看到门口的细小差别,它马上知晓自己走错了门。于是,它再次努力地开始转来转去地探查,有时忽然飞得微远一点。最终摸到自家门宅。它沾沾自喜地钻了进去,可是,不论它钻得有多快,小飞蝇还是待在它宅门周边,脸朝着其门口,等候隧蜂飞出来后好进入偷蜜。

当屋主再次出门时,小飞蝇则稍微退后一点,刚好留出一条让对方通过的通道,仅此而已。它为何要多腾出地方呢?二者遇到也是这样相安无事,所以要是不晓得一些其他状况的话,你不可能想到这是窃贼与屋主间的狭路相遇。

小飞蝇对隧峰的忽然出现并没有惊慌失措,它仅是多加留意罢了。同样,隧蜂也没在乎这个打劫它的盗贼,除非后者跟它死缠烂打。这时,隧蜂一个急转身就飞远了。吃白食者此时也处于进退两难。隧蜂带回的甜汁在其嗉囊中,花粉沾于爪钳里,盗贼不能吃到甜汁,粉末状的花粉还没定型,入不了口。再说,这少许花粉还不足以塞牙缝。为了集腋成裘做成圆面包,隧蜂要数次外出采夺花粉。必需的材料采集备齐之后,隧蜂就用大颚尖掺和搅拌,再用爪子把和好的面团做成小丸。假如小飞蝇在制作小丸的材料上产卵,那通过这一番揉搓,就彻底完了。因此,小飞蝇的卵是产在制好的面包上的。由于面包的创作是在地下做好的,吃白食者就不得不进入隧蜂的洞宅之中。小飞蝇胆大包天,果然钻了进去,就连隧蜂身在洞中也完全不知。失主要不就是怕事无胆,要不就是愚昧的宽容,居然让窃贼随心所欲。

小飞蝇用心窥探、擅闯民宅的目的并不是想害人利己、无劳而获。它自己就能够不费吹灰之力地

> **词语解释**
>
> **日新月异:** 新,更新;异,不同。每天都在更新,每月都有变化。指发展或进步迅速,不断出现新事物、新气象。
>
> **嗉囊:** 昆虫食道后面的渐大部分,可储存花蜜等液体物质。
>
> **集腋成裘:** 腋,腋下,也指狐狸腋下的皮毛;裘,皮衣。狐狸腋下的皮虽很小,但聚集起来就能制一件皮袍。比喻积少成多。

在花朵上寻到吃的，这比它暗自去偷抢好得多。我在想，它跑到隧蜂洞中只想大致地尝尝食品，知道一下食物的质量罢了。它的远大的、唯一的要事就是打造自己的家庭。它盗取财富并不是为了自己，而是为了自己的下一代。

我们把花粉面包挖出来瞅瞅。会发觉这些花粉面包时常被破坏成碎末状，撒落在储备室地板上的黄色粉末里，我们会看到蠕动着的两三条尖嘴蛆虫。那是双翅目昆虫的下一代。偶尔与蛆虫在一块的还有真正的主人——隧蜂的孩子，但它却因吃不好而软弱不堪。蛆虫虽然不欺负隧蜂幼虫，但却抢吃了后者最佳的食物。隧蜂幼虫食物不够吃，身体每况愈下，很快就可怜巴巴地倒下了。尸体也变为了微小颗粒，与剩余的食物交织在一起，变为蛆虫的口中之食。然而隧蜂妈妈在幼虫遇难之时都做了些什么呢？它随时能够看着自己的宝穴，一旦探头入洞，就可清晰地知道孩子们的惨状。蛆虫在一地被糟践的面包里来去自如地钻，稍稍一看就知道究竟发生了什么事。假若这样它非得把这些窃贼子孙弄个穿肠破肚不可！用大颚将它们咬碎，扔到洞外简直是轻而易举的事。可是愚昧的妈妈居然没有想到这样做，反而任凭<u>鸠占鹊巢</u>者无法无天。

隧蜂妈妈之后干的事更是愚昧。成蛹期来到以后，隧蜂妈妈居然把被抢劫一空的储备室像封堵其他各室一般用泥盖堵得严实。这最后的壁垒对于正是变形期的隧蜂幼虫来说是最好的防护方法，可当小飞蝇光临以后，它这样一堵，可谓荒唐之至。隧蜂妈妈却乐此不疲地开展着它的可笑之作，这完全是本能导致，它居然还将这个空房给弄上封条。我之所以说是空房，是因为狡猾的蛆虫吃完了全部食物之后，马上抽身逃走了，好

词语解释

鸠占鹊巢：斑鸠不会做窠，常强占喜鹊的窠。比喻强占别人的住屋。

像预知今后的小飞蝇会碰到一道不能翻越的屏障一样。在隧蜂妈妈封门之前，它们就已远离了储备室。

吃白食者既小心翼翼又阴险狡猾。全部的蛆虫都会丢下那些黏土小屋，毕竟这些小屋如果堵上，它们就会葬身其中。黏土小屋的内壁有波状防水涂层，以防回潮，小飞蝇幼虫的表皮十分娇弱敏感，似乎应该对这种美好的容身之地倍感舒爽，但是蛆虫却并不喜爱。它们害怕如果变为小飞蝇，便会被囚在其中，因此马上抽身，分散在升降井周附近。

我挖到的小飞蝇的确都在小屋外面，小屋里面从没出现过它们的踪影。我发觉它们一个个都挤在黏土里的一个狭小的窝里，那是它们还是蛆虫时移居到这以后建造的。第二年春季出土期来临时，成虫只要从碎土中挤出来就可以来到地面了，这一点非常容易。

吃白食者这样被逼无奈地搬到别处还有其他一个非常关键的因素。7月天，隧蜂要开始第二次生育。而双翅目的小飞蝇却仅生育一回，其下一代此刻还处在蛹的状态，只等来年变成虫。采蜜的隧蜂妈妈又开始在家乡小镇忙于采蜜，它直接运用春季建筑的竖井和小屋，这能很好地节约时间！细心建筑的竖井房物全部完好如初，只要稍做修缮便能交付使用。

假如天性爱干净的隧蜂在打扫房屋时发现一只蝇蛹会如何呢？它会将这个碍事的东西当作建筑废料给解决掉。它会把这个东西用大颚夹起，或许把它夹碎，运到洞外，扔到废物堆里。蝇蛹被抛到洞外，任风吹雨打，必死无疑。

我很佩服蛆虫的目光高远，不为一时之快，而追求长远的安然无恙。有两个危机在胁迫着它：一是被堵死在牢中，纵使变成飞蝇也很难飞出洞去；二是在隧蜂修缮宅子时把它连同垃圾一起扔到洞外，丢尸荒野。为了避免这双重危险，在屋门封堵前，在7月隧蜂清扫洞宅前，它便提前逃离险境。

　　我们现在来瞧一瞧吃白食者最后的情况。在整整半年里，在隧蜂清闲的时候，我对我那昆虫众多的昆虫小镇进行了全面的搜查，一共有五十多个洞穴。地下发生的惨案没有一件逃离我的眼睛的。我们总共四个人，用手当筛子，把挖出的土从手指缝中轻轻地筛下去。四个人一个连着一个地连续检查。检查的结果让人心酸，我们竟没有发现一只隧蜂的虫蛹。这聚集着隧蜂的街区，居民全都被双翅目昆虫取代了。后者为蛹状，多得难以计数，我将它们收集起来，便于观察它的进化过程。

　　昆虫的生活季节完结了，原来的蛆虫已经在蛹壳内缩小、变硬，但那些棕红色的圆筒却依旧静止不动，它们是一些拥有潜在生命力的种子。7月里似火的骄阳也无法将它们从沉睡中唤醒，在这个隧蜂第二代出生期的月份里，宛若上帝颁发了一道休战圣谕：吃白食者停止休整，隧蜂和平劳动。如果敌对行动继续持续，夏天和春天同样大开杀戒，那么深受其害的隧蜂或许就要绝种了。就是第二代隧蜂的这段养精蓄锐期，才让生态平衡得以保持下去。

　　7月，当斑纹隧蜂在围墙内的小径上翩翩飞舞寻求理想的挖洞建巢的地点时，吃白食者也在忙碌着化蛹成虫。呀！迫害者和受迫害者的历法是如此精确，多么让人难以置信啊！隧蜂开始建巢的时候，小飞蝇早已准备就绪：其以饥饿假象迷惑、消灭对方的伎俩又重新上演了。倘若这只是个孤立的个别现象，我们大可没有必要注意它：

多一只隧蜂少一只隧蜂对生态平衡产生的影响并不大。然而事实并不是这样！用各种各样的方式进行杀戮掠夺已经在芸芸众生中横行无度了。自低级到高级的生物界中，凡是生产者都遭受到非生产者的剥削。人类以其特殊地位本应该超然于这些灾难之外，但却反倒成了这类弱肉强食残忍表现的最好诠释者。人心中在想"做生意就是弄别人的钱"。就像小飞蝇心里所想："工作就是弄隧蜂的蜜。"为了更好地掠夺，人类创造了战争这类大规模屠杀以及以绞刑这种小型屠杀为荣的艺术。

> **嵌记妙语**
> 法布尔愤于飞蝇的残忍行为，却发现人类也是如此。

人们每个周末在村中小教堂里唱诵的那个崇高的梦想："光荣是属于至高无上的上帝，和平属于凡世人间的善良百姓！"我们永远也不会奢望它会实现。假若战争关系到的只是人类本身，那么将来也许还会为我们保存和平，因为那些慷慨大度的人都在致力于和平。然而，这灾祸在动物界却非常肆虐，但动物是冥顽不灵的，它永远也不会和你讲道理。既然这种灾难是普遍现象，那或许就是无法治愈的绝症了。未来的生活令人不寒而栗，将和现在的生活一样，是一场永无休止的厮杀。因此，人们就会挖空心思，幻想出一个巨人来，他能将各个星球玩弄于股掌之中，他是无坚不摧的力量的代表，同时他也是正义和权力的化身。他知道我们在战争，在杀人抢掠，野蛮人在取得胜利；他明白我们持有炸药、炮弹、鱼雷艇、装甲车和不同种类的高级杀人武器；他还知道包括平民百姓在内的因贪婪而引起的可怕的竞争。那样的话，这个正义者，这个强有力的巨人，假若他用拇指按住地球的话，他会犹豫着不将地球按碎吗？

> **词语解释**
> 冥顽不灵：冥顽，愚钝无知；不灵，不聪明。形容愚昧无知。

他不会把地球按碎……但他会令事物顺其自然

地发展下去。他心中或许会想:"远古的信仰是有道理的,地球是一个生了虫的核桃,在被邪恶这只蛀虫啃咬。这是一种野蛮的幼仔,是朝着更加宽容的命运发展的一个艰难时期。我们顺其自然吧,因为秩序以及正义总是排在最末位的。"

隧蜂门卫

本章内容精简概括

　　隧蜂在初春时节单独挖好的住所，到夏季来临时就成了全家人的共同财产。地下有大概一打的蜂房，但从这些蜂房里出来的都是雌蜂。这是因为，它们每年繁衍两代，春天出生的一代都是雌蜂。隧蜂一家有一打儿姐妹，并不需要性伴侣就能生儿育女。

　　隧蜂妈妈的住处由两部分组成，主要部分是出入通道，洞底的蜂房是完好的黏土小屋。隧蜂忙碌地通过狭小的通道时很懂得礼让，行进十分顺畅。在井坑圆柱体内有个自由升降开关的活门，在洞口站岗放哨、看门守屋的是一位年龄稍大的老者。它是这个住宅的缔造者，是现在正在忙着收集花粉的隧蜂姐妹们的妈妈，是目前还是幼虫的隧蜂们的外婆。在隧蜂每次飞进飞出的时候，它为自己家人开门关门，把陌生人拒之门外。

　　隧蜂的家经常遭遇蚂蚁和小飞蝇的侵袭，很多洞穴会被小飞蝇扫荡一空，使隧蜂无家可归，成为无业游民。不谙挖洞技巧的切叶蜂则经常窃取被掏空的通道。无家可归的隧蜂们在小镇上四处游荡，更多的时候待在一处一动不动直到衰老、逝去。一直窥视它们的灰蜥蜴则拿它们饱了口福。

　　春季筑巢做窝的隧蜂妈妈一旦完成工程，要么全心全意地干家务活儿，要么等待孩子们的出世。当隧蜂准备好足够的粮食后就不再出门，直至洞里的一切工作全部结束，隧蜂外婆以及隧蜂妈妈将离开家屋去一个不为人知的地方默默死掉。它们一生都尽职尽责。从9月开始，第二代隧蜂就开始出现了，不仅有雌蜂，还有雄蜂。

老象虫

　　冬天来了，昆虫开始进入蛰伏期，这段时间我始终在研究古币学，它让我度过了一段很不错的日子。我趣味十足地反复琢磨古币那金属小圆块，那就是人们称之为历史的灾难的档案。在希腊人耕种过油橄榄树；拉丁人制定过法令的普罗旺斯，农民们翻耕土地之时，却发觉了这些几乎散落得满地都是的金属小圆块。他们将这些金属小圆块拿给我，询问我它们价值如何，但却从来不问我它们的意义有多大。农民们发现的这些小圆块上的铭文和他们有什么关系！人们以前遭受苦难，今天依旧在受苦受难，以后还会受苦受难，对他们而言，这就是历史的概括，其余的都是胡扯，纯粹是无事之人的消遣罢了。

　　我对过去的事物则持漠然的达观态度。我小心翼翼地用指甲尖刮着小圆古币，将它上面的泥土清除掉，而后将它放在放大镜下仔细观察，尝试着解读上面的说明文字。在我读懂了这青铜古币或者银质古币上的说明时，我可真的是心花怒放、欢天喜地啊！我刚看到一页有关人类的记载，但并不是来自书本那个令人生疑的讲述者那里,而是来自差不多与人物、事件一个时期的鲜活存在的档案。这点银子被冲头挤压成扁平状,上面的说明文字标着:VOOC——VOCVNT,也就是维松,证明它是来自于博物学家普利尼经常度假的那座小城维松。这位著名的博物学编纂者普利尼也许在维松的某位主人的饭桌上品尝过莺,那就是古罗马美食家们赞叹不已的美食,就算是放在现在,在普罗旺斯的美食家眼中,它也是极其有名的,被称为"后腱子肉"。令人颇感恼火的是,我这里的银子却没有对此类情形的记载,和一次大战役比起来,这些情形可是更加值得人们铭记的。

这枚古币一面是个头像,另一面则是一匹奔马。整个古币非常粗糙,头像和奔马都刻得不怎么像样。纵使是第一次在墙上用石头胡乱涂画的孩子,也不至于画得这般差劲儿。不是,那帮勇猛剽悍的粗人绝对不是艺术家。从弗凯亚来的那些外国人则花样繁多!这就是马萨里亚人的一枚德拉克玛,此钱币正面为弗所的黛安娜的头像,两颊丰腴、胖圆,下半唇厚突,额头扁平,头顶一只凤冠,头发好像瀑布,浓密地散在颈后,耳朵上吊着耳坠,脖颈上围着珍珠项链,肩膀上挎着一张弓。在叙利亚的女信众来看,这一身打扮很适合她们的偶像。

倘若以今天的眼光看,这算不上漂亮。但如果称它为豪华大气的话,倒也能说得过去。不管怎么说,这总要比现在那帮风雅女子给驴子耳朵戴上摆来荡去的玩意儿要强得多。时尚真是一种奇异至极的嗜好,在丑化人以及物方面真是花样繁多!商业神讲道:做买卖就不管什么美不美的,在美与利之间,做买卖即是讲利。这枚德拉克玛的反面是一头爪抓地、口大吼的雄狮。这种用某种猛兽来象征强大的未开化的行径并不是从今天开始的,它好像是

词语解释

弗凯亚:小亚细亚古地区名。
马萨里亚:法国马赛的古名。
德拉克玛:希腊货币单位及古希腊银币名。
弗所:古希腊小亚细亚两岸的重要经商口岸。
黛安娜:希腊神话中的月神和狩猎女神。

在说恶是力量的最高展现。钱币的背面时常雕刻着老鹰、雄狮和其他一些凶悍猛兽。仅有现实中的还不够，还要凭空捏造出一些凶恶的怪兽来，比如半人半马的怪兽、凶龙、半马半鹰的带翅怪兽、独角兽、双头鹰等其他什么的。

发明这些怪兽装饰的人们和那些用熊掌、鹰翅以及插在其头发上的豹牙来显示自己勇猛善战的印第安人相比较是不是更加高明呢？我对此不敢认同。我们最近投入使用的银币背面的图像比上面描述的这些面目狰狞的怪兽要招人喜欢千百倍！播种女神在旭日东升时用灵巧的双手把思想的良种撒播在犁沟里，这就是我们现在银币的背面图案。这类图像虽简单但却崇高伟大，令人深省。马赛的德拉克玛的好处就在于它那优美的浮雕。负责雕刻这枚古币头像轮廓的艺术家是一位版画大师，但是他缺少灵性。两颊丰腴的黛安娜好像是个野蛮的荡妇。

这是已沦为尼姆殖民地的沃尔西人的纳马萨特。奥古斯都和他的朝臣阿格里帕的脸侧面相对，奥古斯都眉毛挺立，脑瓜扁平，鹰钩鼻，无法让我感觉到他的显赫大名，即使简朴的诗人维吉尔说他是"胜利造就的主"。如果奥古斯都的阴险计划没能成功的话，那么奥古斯都也就成了人们心中的恶人屋大维了。

与其相比，我还是喜欢他的朝臣阿格里帕多一点。这位伟人喜爱玩弄石头，他以他那泥瓦工程、引水渠、修桥铺路使野蛮的沃尔西人开化了一点。在离我们村子不远的地方，有一条从埃格河边起始的广阔大道，它始终朝远处笔直伸展，慢慢朝上爬去，跨过塞里昂丘陵。这条大路漫长而单一无趣，但却处在一座强大的古罗马要塞的庇护之下，该要塞许久以后变成了知名的古堡。这是阿格里帕建造的道路中的一条，它接起了马赛和维恩。这条已历

> **词语解释**
>
> 面目狰狞：狰狞，面目凶恶。形容面目凶狠可怕。亦作"面貌狰狞""狰狞面目"。
> 尼姆：法国南方一城市名，在马赛的西边。
> 沃尔西人：古意大利民族。
> 奥古斯都：古罗马第一代皇帝，又译屋大维（前63—14）。

词语解释

安东尼：古罗马统帅（前82—前30），后成为克娄巴特尔的丈夫。

克娄巴特拉：埃及艳后（前69—前30），先为恺撒情妇，后与安东尼成婚，后勾引屋大维未遂，自杀身亡。

珐琅质：又叫牙釉质，是在牙冠表面的半透明的白色硬结构，非常坚硬。

同步思考

这里为什么会有这么多海洋生物的遗骨？

经两千多个春秋的广阔纽带始终都是人来车往，十分喧哗。在这儿古罗马军团的那些身穿褐色战衣的步兵早已不在了，我们如今看到的是那些赶羊群与不乖的小猪崽去往市集的群众。照我的观点，这样反是一种好现象。在这枚满是铜绿的古币背面有"尼姆的移民地"的字号。文字说明的一旁有一条锁在一棵棕榈树上的鳄鱼，棕榈树上还挂着一顶王冠，它表示着移民地的"开国元勋们"对埃及的占领。尼罗河的鳄鱼在这棵棕榈树下张牙舞爪，它向我们阐述了酒色鬼安东尼；它还给我们讲述了克娄巴特拉的典故，说假如她是塌鼻子的话，本来是可以改变世界面貌的。这只背着鳞片的爬行动物——这条鳄鱼引出的回忆，成为我们一节十分绝妙的历史课。

这种金属古币学的高级课程五彩缤纷而又不出我们村庄周边一带，便这样长久相传着。但还有另一种花费不多但却深奥的古币学，它用它的那些纪念章——化石，向我们阐述生命的史事。这便是石头的古币学。我站在窗户旁边和这位古老岁月的朋友说着一个早已不在的世界。这里是个地地道道的尸骨埋葬地，它的上面到处都留有离去生命的痕迹。就像海胆的尖头、鱼类的牙齿与脊椎、贝类的残壳、石珊瑚的碎片在这形成了一个墓葬群。假若将我家房屋的砾石逐一观察琢磨一遍，就可以发觉这处府邸压根就是一只圣骨盒、一座远古活物的旧衣堆。

如今用作建筑材料的岩石层，用它那硬硬的外壳掩盖周边这座高原的大范围。不知从什么年代开始，也许从阿格里帕在这为营建奥朗日剧院的梯子和墙面而使人切割青石的那个年代起，采石工就在那里挖掘了。怪异少见的化石天天都能在铁镐的要挟下和我们相碰。最吸引人的是一些牙齿，它们外表粗糙里面光滑，珐琅质如新牙一样光亮。除这以外，还能够看到一些十分完整的化石，是三角形，边部为轧齿状边纹，基本同手掌一样大。瞧，这张装着如耙子一般牙齿的嘴里，耙子数列行排列，一层层地直到喉部，好吓人的一张血盆大口啊！被利齿撕扯成碎状的是哪种物体呀！你只需在脑子里复制一下这台吓人的杀人机器，就能觉得心惊胆战了。这个全副武装穷凶极恶的动物属于角鲨族，古生物学称其为巨噬人鲨。看看今天那叫作海中霸王的鲨鱼，你便会对它有些概念性认识了，正如看到侏儒你就知道巨人一样。别的角鲨化石也会于同一块石头之中存在，全都是满嘴锋齿。你能够看见利齿似刀的尖额鲨，下颚长着弯弯带齿的爪哇顶重器的半锯鳐，嘴里全是弯弯锋利、一边平一边凹的尖刀的鼠鲨，扁平齿上有发光锯齿的鳃鲨。

  这座尖牙锋齿的利器库给我们提供了能够证实古代杀戮的最好证据，它的价值与尼姆的鳄鱼、马赛的黛安娜、维松的奔马相同。这座武器库以其宰杀武器为我阐述着这类屠杀是如何在不同时代消除泛滥成灾的生命的。它还告知我："如今你对着石头考虑的地方，在之前拥有一湾海水，那里生存着大群的凶狠的肉食者和温顺胆小的被残杀者。如今的罗讷河谷之前被这条很长的海湾占领着。那距你不远的地方，之前是一幅汹涌澎湃的壮观景象。"这里海岸的绝壁断崖确实保存得很好，以至于在我在深思时，始终觉得听到了隆隆的涛声。海胆、石蛏、海笋、住石蛤全在那岩石上留有自己的足迹。这是一些分半圆状的凹窝，可以放入一只拳头；这是一部分洞口窄小的圆状巢室，隐居者在这里接受不断更新且装满着食物的水流。有时，有古代居民在其中居住，已经矿化，甚至于其条痕和小鳞片这样柔弱的装饰品都保存得十分完好。然而更多见的是，住在这儿的古代居民已融解了，住处却灌满了早就变硬的细海泥钙核。在这个寂静的小海湾里，被漩涡冲堆在一块，并把它们淹在淤泥里作为今后的泥灰岩。这是以一些小丘当作坟冢的软性动物的墓地。我以前挖掘到一部分长差不多零点五米重二至三千克的牡蛎。用铁锹在这墓堆上翻找，就能找到扇贝、芋螺、骨螺、锥螺、笔螺和其他各种各样的海洋生物。使我感叹的是，在这样一个安静角落里，居然藏着这样一大堆从前鲜活的生命所剩下的圣物。长有贝壳的埋葬虫还向我们证明，时间这个细心的事物制度的改革者，不但毁灭了早生早灭的单个生物，还让整个物种完结了。如今，我们相邻的大海——地中海中，任何与消失的海湾中的居民一样的东西基本上都灭绝了。假如想要在如今找寻一些和古时相像的面貌，那也许就要到热带海洋里寻找了。

我家窗户旁边的石头古币学告知我：天气开始变冷了，太阳在渐渐地熄灭，万物在灭亡。我们不自觉地离开我那狭窄、矮小却又十分丰富的察觉场地，继续朝石头讨教，可这一回是要讨教昆虫的问题。在阿普特周边，一种形状怪异的岩石到处都是，它已被风化得如书页了，就好像那浅白色的硬纸板。这种岩石用火烧着就冒黑烟，有一股沥青气味，它沉淀在鳄鱼与巨龟经常出没的大湖底下。人类从没见过如此大的湖，湖盆被山脊所取缔，湖泥安静地沉积成一层又一层的薄地层，成为了既大又硬的礁石。我们把一块石板从这块礁石上分离出来，紧接着用刀尖把这块石板分为一些薄片，这工作十分容易，就如同把叠在一块的硬纸板一层一层地剥开一般。我们这么做就似在查找从大山图书馆取出的一本书。我们在浏览一本配有美丽图画的书。

这是一部来自大自然的稿件，与埃及那纸莎草纸手稿比起来更是妙不可言。它几乎每一页上都配有图片，更奇怪的是，那是变成图像的现实。鱼类随意地聚在这一页上，看上去好像用石油煎制过的

词语解释

妙不可言：妙，美妙。形容好得难以用文字、语言表达。

鱼，鱼刺、鱼鳍、脊椎架、鱼头小骨已成为黑色小球的晶状眼球等这么多东西全部印在上面，与在世的自然形态没有两样。唯独缺少是流动着的血肉。可这并无伤大雅：鲍鱼这道菜使人尽享眼福，让人控制不了想要用指甲去刮擦一下，再品尝一口这类储存了几千年的鱼肉罐头。我们来发挥一下奇思异想：让我们放一点这种石油煎制的矿物鱼在牙齿底下。插图四周无文字介绍，因此思考取代了文字讲解。思考告知我们："这一群群鱼之前在那安静的水里兴旺地繁殖生存着。湖水忽然猛涨，它们被夹着厚淤泥的浪堵塞呼吸因而死去。它们迅速地被淤泥掩盖起来，因而逃脱了暴风雨的致命性打击，从而转换了时空，并在裹尸布的守护下永恒穿越这时空轨道。"这突如其来猛涨的湖水还夹带来四周被雨水冲洗的泥土和一堆堆的植物或动物的残肢碎屑，于是这湖泊的沉积物也告知了我们那些在陆地生存的生物的状态。这是当时的生命的汇总，我们再越过我们的石板或者说我们的画册的一页，里边有长有翅膀的种子、有褐色痕迹的叶子。石头植物集和专业植物集在比试着植物的清晰程度。

　　这石头植物集向我们介绍这贝壳以前和我们说过的故事：世界是在不断变化之中，阳光在渐渐变弱。现在的普罗旺斯的植物并不是之前的那些植物，现在的普罗旺斯的植物中已看不见棕榈树、挥发出樟脑味的月桂树、带羽毛装饰的南洋杉和其他种类居多的现已经属于热带植物的树木与灌木。请诸君随着我往下看。此时看见的是昆虫。最常见的是双翅目昆虫，身量十分小，常常是一些不知名的小飞虫。大角鲨牙齿的粗糙石灰质外表的中间却十分细滑，让我们看后非常惊讶。对这些镶嵌于泥灰岩圣骨箱中而未伤毫发的娇嫩小飞虫又该说点什么呢？我们没法用力去抓的这种脆弱生命竟然在峰峦叠嶂

嵌记妙语

石头植物集记录着时间的轨迹，它告知了我们那些只是听说过但不曾看见过的远古的事情；它告知我们世界处于不断变化之中，当今的世界已物非人非；它要把我们带进一个又一个已经消逝了的昆虫和动物的世界。

同步思考

页岩中为什么会有昆虫的微小身影呢？它们是怎么被保存下来的？

的重压之下躺在其中没变形！那在石头上的六只细爪是展开着的，那形态、姿势都全部是休息时候的模样，微微一碰，爪子必定会断。爪子完整得连指头上的双爪都在。两个翅膀是张开来的，用放大镜将双翅的纤细脉网查看研究，和用大头针把这只昆虫稳固住加以研究是异曲同工的。一点没丢失其纤巧美丽的触角像羽毛饰一样，腹部的体节可以数清，有一排微粒绕着，这些微粒就是它的纤毛。

时间久远但依旧完好无损的乳齿象的骨架安静地躺在那边的沙床上，这已让我们十分震惊了；一只纤弱玲珑的飞虫居然完好无损地待在很厚的岩石里，这真的让我们目瞪口呆。显然，蚊虫并不是来自远处，不是被上涨的湖水卷过来的。在大水到来以前，细水长流本就会把它化作近乎乌有状态的。它在湖边离去了。一个早晨的欢喜杀死了这飞虫，因为，对它来说一个早上的时光已经是十分漫长了。它从灯心草顶端落下来淹死了，而这个溺水者立刻就消失在淤泥墓地之中了。

别的那些虫子，那些粗短的，长着硬硬的凸状鞘翅的虫子，那些数目仅低于双翅目昆虫的虫子，它们是些什么样的虫子呢？看看它们伸展成喇叭一样的窄小的脑瓜，我们就一清二楚了。它们是长鼻鞘翅目昆虫，是有吻类昆虫，说得稍微好听些，就是象虫。细小的、中等个儿的、大个头的全部都有，与它们如今同类的大小相同。它们在石灰质岩片上的姿势没有蚊虫的姿态整齐。爪子瞎伸，喙或躲在胸下，有时朝前延伸。它们之中，有的露出喙的侧面，大多是通过颈端的一绺浓毛将喙歪在一旁。

这些残缺肢体、扭曲身体的象虫不是忽然地、宁静地被安葬的。即使有很多象虫是在湖边植物丛中结束一生的，可大多数象虫是来自周边地区，被雨水冲过来的，在中途碰到细枝碎石，把肢体给搞得支离

昆虫记

破碎。它们虽然有确保身体完整无损的盔甲，但是肢爪上细微的关节却被搞折致残，而污泥这块包尸布将它们在中途被搞成怎么样就那样包起来。

这么多外来的象虫也许来自遥远的地方，它们向我们提供了珍贵的信息。它们对我们讲，假如说湖边昆虫类的最主要代表是蚊子，那么林间昆虫类的代表就是象虫。我的那么多岩石书页去除吻管科昆虫以外，特别是在鞘翅目昆虫方面确实未再向我展示什么。那么，其他的那些陆地昆虫族，像步甲虫、食粪虫、圣金龟等这些如象虫一般被雨水统统带往湖中来的那些昆虫如今都在哪儿呢？如今欣欣向荣的昆虫族类未留一点儿蛛丝马迹。

水龟虫、豉虫、龙虱这类水下群众都在哪里？有关这些湖中昆虫，或许在我们发觉它们时，它们已经在两块泥炭岩中间成为木乃伊了。假如那时存在这类昆虫的话，那它们便生存在湖中，而湖泊中的淤泥就会把这些带角的昆虫，比那些小鱼，特别是比双翅目昆虫更完好地保留下来。至于水生鞘翅目昆虫，没有在世间留下任何的踪迹。

这么多地质圣骨盒中找不见的昆虫，它们到底去了哪儿呢？荆棘丛中的、草丛中的、被虫蛀蚀的树干中的这些昆虫如钻木的天牛、滚粪球的金龟子、将猎物开膛破肚的步甲虫，去哪儿寻找它们的踪迹呢？它们全部是处在正变化中的未成形者。在那个时候还没有它们，未来在等待着它们。假如我能够确信自己闲暇时查阅的那些内容简单的文字档案的话，那么我就可以确定象虫可能是个高寿的家伙——当然是相对鞘翅目昆虫中来说了。

物种在进化的初始，常常会演化出不少形象怪异的生物，那些与大自然很不协调的生物是那么的奇特与迥异。比如蜥蜴类动物，刚开始它们是实实在在的怪兽，身长达十五米至二十米。你可以发现

词语解释

支离破碎：支离，零散，残缺。形容事物零散破碎，不完整。

它们的鼻子以及眼睛上都长着角，背后鳞片丛生，脖子凹陷如袋并且仍骨刺林立，而它们的脑袋还可以缩进这个袋子里——就如同教士把脑袋缩进风帽里似的。它们曾想进化出翅膀来，不过却没有成功。这种让人害怕的进化过程结束了，演化的狂热静下来了，于是出现了现在趴在我们篱笆上的讨人喜欢的绿色蜥蜴了。

当生命创造鸟的时候，它令鸟喙上长有爬行动物的锋锐的牙齿，使得鸟的臀部拖着饰有羽毛的尾巴。这些还没有定型的、狰狞可怕的生物是红喉雀以及鸽子的老祖宗。所有这类原始动物，脑袋都很小、智力特别差。远古时代的野兽只是捕猎的机器，一只消化食物的胃与智力在那时候毫无关联，它们产生关联是后来的事了。

象虫就是在以自己的方式策略重复着这样的畸变。看看它小脑袋上的那个隆起的延伸部分，那上面这一块儿有又厚又短的吻，那一块儿有非常粗的圆形吻管或者切削成四棱面的吻管。另外，这个延伸部分好像北美印第安人那个形象怪异的长烟袋，它极其纤细，大小和身长相似，甚至比身长还长。在此奇特工具的末端口里，是上颚那把灵巧的剪刀。它的身体两侧长着两根触角。

这喙，这嘴，这个怪模怪样的鼻子有什么用途呢？象虫是从哪儿寻到这种器官的模型的？它从未去任何地方找模型，它本身就是这类模型的创造者，它拥有这类模型的专利。除了它这一种族外，别的任何鞘翅目昆虫都没有这种奇形怪状的嘴。我们还需要注意它那特别狭小的脑袋。那是从鼻子底部膨胀起来的一个球球。那球里面会是什么呢？一个惹人怜的神经工具，那是非常有限的本能的标记。在见到这些小脑袋的家伙干活儿之前，没人关注它们智力上的事。它们被归于木讷迟钝，没有本领的昆虫一类。这类看法以后并没有遭到否定。虽然没人夸赞象虫科昆虫的才能，但也不因此就对它们不屑一顾。就像湖中岩片书页告诉我们的那样，它们是位居长鞘翅昆虫的前列的。它们早就在预防突发事件上领先于在孵育方面最为灵巧的昆虫。它们向我们展现了一些原始昆虫形态，有时是十分奇怪的形态。它们在自己那小小的世界中就同长着齿形大颚的猛禽和长着有角的眉毛的蜥蜴的情况相同。

它们始终繁荣昌盛，繁衍至今，而在特征上却没有什么变化。我们今天所看到的这种形态便是它们在各大陆的远古年代的形态。这一点由石灰岩书页高度地证实了。我勇于把其所属，有时甚至是其种的名称标注于岩片书页的那些图像下端。本能的不变性应该是伴随着形态的恒久性。通过查阅现代象虫科昆虫的有关资料，我们将就它们祖先的生物单方面写出和其实际情况很相近的一个章节。在它们祖先的那个年代，我们那神圣的普罗旺斯还有棕榈树在掩蔽着鳄鱼出没的辽阔海域。叙述现代的历史将向我们讲述过去的历史。

朗格多克蝎的家庭

嵌记妙语
法布尔认为实地探究比死读书更有收获。

词语解释
浑浑噩噩：浑浑，深厚的样子；噩噩，严肃的样子。原意是浑厚而严正。现形容糊里糊涂，愚昧无知。
巴斯德：路易斯·巴斯德（1822—1895），法国微生物学家、化学家。他研究了微生物的类型、习性、营养、繁殖、作用等，奠定了工业微生物学和医学微生物学的基础，并开创了微生物生理学。

拿科学书籍去解决现实生活中的问题，没有太大的收获。此时，应该一丝不苟地对事实进行探究，这要比有着丰富藏书的书橱有用得多。大多时候，浑浑噩噩反倒是优势，由于拥有了随意思索的空间，便不会变得固执己见，反倒摆脱了"读死书，读书死"的危险处境。对这，我刚刚领悟出这个道理。

我从一篇论文里了解到：9月是朗格多克蝎的繁殖期——这是一篇某大师的解剖学论文。天哪！为何我却偏偏看过这篇论文呢！因为在我所处地区的气候环境里，朗格多克蝎生儿育女的时间可比9月早得多。幸运的是，我并没有迷信那篇论文，不然的话恐怕我就要傻等9月的到来，并且最终一无所见。我苦苦观察三年，等得差不多失去了所有耐心以及精力，结果最终依旧没有如愿。环境并没有异常，但是我却莫名其妙地错失良机，白白地浪费了一年时光，我几乎想停下对这个问题的研究了。

的确，无知也许更有好处，丢开老路，就能发现新东西。我们的一位有名大师曾经这样教导过我，他就不太相信已知的课本知识。某一天，巴斯德没有预约，突如其来地按响我家的门铃，就是那位不久便将大名鼎鼎的巴斯德本人。我那时候已深知其名，我早已经拜读过这位学者的有关酒石酸不对称结构的作品了，我对他有关纤毛虫纲生殖问题的研究也怀有浓厚的兴趣。

每个时代都有它科学的奇思妙想。我们现今有进化论，但那个时候却有自生论。巴斯德靠着自己人为决定其有菌无菌的烧瓶，依照自己那严谨而且简单的绝妙实验，将一个无理的谬论给完全推翻了，腐败物内部的一个冲突性化学反应能够根据这一谬论激发出生命来。

我知道那个被巴斯德成功地予以澄清的有争论的问题，所以我极其热情地欢迎了这位著名的来访者。他跑来找我最主要的是想问我些问题。我能享受这份实不敢当的荣幸，该归功于我俩是物理和化学上面的同行身份。唉！我只是他一个小小的、默默无名的同行罢了！

巴斯德为了弄明白养蚕业而来巡视阿维尼翁地区。几年来，每个养蚕场惶恐一片，被一些搞不清的灾害弄得凋敝不堪。蚕宝宝们不知原因地溃烂、变硬，成了一些石灰膏壳的蚕仁硬皮豆了。蚕农们没有一点办法，眼看着自己主要的收成打了水漂儿，耗费如此多的心血以及钱财，最后却落得个把一屋一屋的蚕扔进肥料堆里的结局。

我们就猖獗的灾害进行了一番长谈。话题开门见山，"我想看一下蚕茧，"来访者说道，"我从没有见过蚕茧，仅仅知道它的名字罢了。您可以帮我找一些来看看吗？" "这非常好办。我的房东就是做蚕茧生意的，我们住对门。请您等一会儿，我去帮您弄一些来。"我三步并作两步地跑去邻居家。我把衣服口袋里满满的蚕茧拿出来给大学者看。他拿起来一个，在指间翻来覆去地看，那阵好奇劲儿，就好像我们在看一件来自天涯海角的奇珍异宝一样。他放在耳边摇了摇。"还响呢，"他非常惊奇地说，"内部有东西。""当然有了。""什么东西呀？""蚕蛹。""啊，是蚕蛹？""是一种木乃伊一样的东西，幼虫在里面渐渐变化，最后化成蝴蝶。""在所有的蚕茧里面都有这个玩意儿吗？""肯定，蚕吐丝结茧就是要保卫蛹的。""啊！"

他没继续说什么，就将蚕茧装进衣兜里去了，大概等到空闲时去探究蚕蛹这个重大的新生物。他这份胸有成竹的非凡自信让我惊讶。巴斯德不清楚蚕、茧、蛹变形的常识，却前来帮蚕谋求新生。远古的体育教师们出场演出时是赤身裸体的。我们的这位同养蚕业灾害作斗争的神奇勇士和他们一样，奔向角斗场时也是一丝不挂的，也正是说他对自己将要挽救的那种昆虫连最基本的认识都没有。我对这非常惊讶，以至于感叹之至。

之后谈及的问题就不怎么让我惊讶了。那时，巴斯德还在钻研以增温方法来增强酒水品质的问题。刹那间，他话语一变，和我说："去看看您的酒窖，可以吗？"请他到我的酒窖参观？那个凄惨简单的酒窖？教师的那丁点儿微薄薪俸可买不了酒喝，我只能喝到自制的差劲的苹果酒——红糖加苹果丝放进密封坛子里发酵成的苦涩液体！自己的酒窖！您要看我的酒窖！为何瞅瞅我一桶一桶的多年陈酿呀！我的酒窖，那也可叫作酒窖？！

紧张的我只能不断地岔开话题，以免提起酒窖。可是他却持之以恒，和我说："请带我观看你的酒窖。"他的执着让我没法推辞。我将手指指向厨房角落里的一把无椅垫的椅子，上面放有一只大概十二升容积的大肚坛。"先生，那便是我的酒窖！""这便是您的酒窖？""我没其他酒窖了。""全在这了?""唉!没错,您全看见了。""啊!"他无语了。学者未发表一点观点。十分明显,巴斯德并不晓得这种普通平民叫作"疯奶牛"的浓味道的菜肴。如果将我的酒窖——那把老椅子和拍起来空空作响的大肚坛子——没就运用加热来控制发酵的问题发表观点的话,可是它却雄辩地说到了我那位名声远播的来访者好像并不知道的另一桩事情。一种微生物躲过了他的双眼,并且是十分可怕的微生物中的一种:这类微生物扼杀意志坚强的厄运。

即使出现了酒窖这让人无趣的插曲,但是我依旧对他那泰然安定的自信大为感叹。他对昆虫的转变毫不知晓,他是有生以来第一次看见蚕茧,并得知这只茧里有个东西,那便是将来蝴蝶的雏形。连我们南方乡下小学一年级的小学生都明白的事他却全然不知。可是,这个问了不少稀奇古怪问题的大专家,不久就会让养蚕场的卫生情况发生天翻地覆的转变,同时,他也会让医药与公共卫生发生革命性的革新。

不过分拘泥于无关紧要的问题而凌驾于大局之上的精神是他的法宝。对于他来说,变形、幼虫、若虫、蚕茧、蛹壳、蛹虫以及昆虫学中千万种的小秘密有什么重要的!在他思索的问题里,不晓得这些反而要好一点。如此,他的思考就可以更好地维持其特别的看法,并且勇敢地腾飞。其行动排除了现有的东西的阻挠,得到了更多的自由。受到巴斯德晃动蚕茧认真听声后的惊奇姿态这绝好案例的鼓舞,我就写下了一个信条,把无知的这种方式利用在我对昆虫原本的钻研上。<u>我看书很少。我与其力不能及地耗力费时地查阅书本,与其跟他人讨教,还不如自己持之以恒地与我的钻研对象友好地接触,直至让它们开口讲话为止。</u>

> **嵌记妙语**
>
> 法布尔认为研究昆虫的最好方式是直接观察与研究,而不是与人讨教,而无知的状态可以达到更自然的研究境界。

我什么都不明白。这样反而更好，我的探究也就相对地随意，能够根据已得知的启发，今天从这方面去探索。明天则开始反向思维。假如我偶然打开一本书，我就刻意地在自己的思想中留有一个向疑惑打开的空间，毕竟我开凿的土地上都是杂草和荆棘。

由于没有这样干过，我已白费了大约一年的日子。由于那时太过相信书本，以至我在9月以前，没想到朗格多克蝎的家庭会出现，可就在7月中旬我居然不经意间发觉了这个家庭。现实期与预想期的这段差距，我将它归之于温度差异导致的：我今天是在普罗旺斯做观察，而以前为我提供资料的雷翁·迪弗尔则是在西班牙做观察的。即便这位大师是很权威的，我也应当对问题留有疑问。但我并未这么做，也因此差点失去良机，幸好那平凡的黑蝎子之前并不是这样和我说有关它的家庭的。啊！巴斯德不知道蚕蛹是怎么回事简直太棒了！

普通的黑蝎子比朗格多克蝎小巧、文雅。我始终将它们养在一些小点的大口瓶里，放到我工作室的桌子上，当作参照的蝎子。这些平凡的瓶子不用多大地方，也方便观察，因此我天天都会瞅瞅它们。每天早上，在打算往记录本上记录状况以前，我总是掀开为它们藏身用的硬纸板，瞧瞧头一天夜里是不是有什么状况发生。每天这样观察在大玻璃笼子里就不容易做，由于大玻璃笼子里有很多小格间，不得不颇费折腾，大动干戈才可以一个一个地做检查，且检查完以后再恢复原貌也不简单。但用小的大口瓶装黑蝎，检查起来就轻而易举了。

某天，大概7月22日6点钟，我眼前一亮，忽然看见母蝎背了一群小蝎。我掀开了掩盖着大口瓶的硬纸板，此刻，意想不到的是，我看到了一群小蝎子，它们趴在母蝎子背上，好像给这只蝎子妈妈披上了一件白色短披风一般。一种成功感涌上心来，温暖，美好，而又知足，这样的心境好不容易体会了一回，常常是观察者好久才会偶然遇上一次。平生以来，头一次见到这种难见的场面。它才生产完，分娩应当是在前一天夜里，前一个白天它身上还是光溜溜的。

之后，喜讯如约而来：次日，另一只黑蝎生产了；下一日，其他两只黑蝎同样做了妈妈。前后共有四只，一切都在意料之外。有四个黑蝎家庭做伴，再加上几日的宁静光景，我可谓颇感生活之安逸了。

好事接二连三，当我一发觉小的大口瓶中有了很大收获以后，我就立刻想到大玻璃笼子。我在思索朗格多克蝎是不是会像黑蝎一样早熟。我顿生感悟，立刻跑去观察。笼中的二十五片瓦全都翻开。硕果累累！我此时立刻感觉这把老骨头僵化的血管里释放出了二十岁的青春热血。在二十五块瓦片中的三块底下，我看见了带着自己全家的蝎妈妈们，一位蝎妈妈的宝贝们已长到一个礼拜大了，这是我之后不间断观察才搞明白的。<u>另外两只才分娩不多久，就在前一天晚上，这从蝎妈妈的大肚子底下仍然精心保留着一些残留物就可以看得出来。</u>我们一会儿将要看看这些残留物是怎么回事。

同步思考
这些残留物可能是什么呢？

7月过去，8月、9月也过去了，我再没收获。也就是说，两类蝎子的产卵期都在7月下旬。7月已过，全都结束了，但是，大玻璃笼子里养的那些蝎子里，还有一部分母蝎和已为我生过蝎宝贝的母蝎相同，肚子鼓鼓的。我本希望它们能为我添丁，毕竟各种现象给了我如此的期盼。冬天到了，它们中谁都未实现我的愿望。看上去立刻就要完成的事情却延续到了来年，这又一次表明妊娠期很久，特别是在低等生物中，这种情况罕见得很。

我将每只母蝎和蝎宝贝移到可以认真观察的窄小的容器中。早上我去观察时，发现头一天晚上分娩的那些蝎妈妈肚子底下又藏着一些小宝贝。我拿一根草尖将蝎妈妈拨开来，在那堆还未爬上妈妈背部的小宝贝中我看见了一些东西，它将我从书上学到的相关问题的那些知识完全推翻了。听说，蝎子本属胎生，这种讲法即使具有学问但是缺少准确性。事实上蝎子宝宝并不是一出生就是我们所常见的模样。

但这一点是能够说出理由来的。假如小宝宝伸出钳子，展开爪子，蜷起尾巴，你让它如何进到母蝎的通道呢？这种碍手绊脚的小宝贝永远也无法通过妈妈那窄小的通道的。因此它出生时不得不紧裹着，尽量不占空间才可以。

母蝎腹下发现的残留物的确是一些卵，这些与解剖妊娠时间很久的卵巢所看到的卵一个样。为节约空间小宝贝紧缩为米粒状，尾巴靠在肚皮上，双钳收回胸前，足爪紧紧地靠于腰侧，这样椭圆状的小宝贝就能够方便地滑出了。它额头上有墨黑般的点，那是它的眼。小宝贝悬于一滴通透的液体中，此时那液体便是它的天地，它的大气层，外边由一层精致的薄膜包裹着。

的确，那些残留物便是一些卵。分娩刚完时，朗格多克蝎有三四十个卵，而黑蝎的卵则要稍少一些。我去查看时已经太迟了，只赶上个结尾。可是，剩下不多的卵也足够坚持我的观点。蝎子事实上是卵生的，只不过它的卵孵化得相当快，母蝎刚一生下卵来，小宝贝就破卵而出了。

因此，小宝贝是如何孵出来的呢？我有独特的优势可以亲眼证实这一经过。我发现蝎妈妈用大颚尖特别细心地挑开卵的薄膜，把它弄破，扯出，顺便把它吞掉。在这个过程中母蝎十分慎重，真像爱心拳拳的母羊和母猫在舔吃胎衣。即使它们的器械说不上多么好，可是小宝宝娇滴滴的身体却毫发无损，同时更不可能伤筋动骨了。<u>我十分震惊：蝎子的母爱和人类差不多。回想进化的初期，当世上第一只蝎子产生时，酝酿在生命深处的这种对孩子的爱心早就深深印在了灵魂最深的地方</u>。就如还没从休眠中苏醒的种子的卵，就如爬行动物和鱼类已有的、而不久之后又将为鸟类与几乎一切昆虫所拥有的卵，这种子和卵从某种意义上说已相当于有机体了，也能够视为高等胎生动物的先兆。因此，动物诞生的最后阶段将在比较安全的母腹或腰间开始，而不是布满威胁的内部或外部了。

生命的进化并不是按部就班的，并不是从初级向高级始终向前。进化是跳动、反复的，某些时期是在进步，某些时期却是在后退。大海潮起潮落。生命也像一片大海，比有水的大海更变化多端，它也有过<u>跌宕起伏</u>。它还将有潮来潮去吗？谁敢说它有？谁又敢说它没有？

倘若母羊不想办法用嘴唇把胎衣剥掉并吞掉，羊羔就一直不能从胎盘里出来。相同，蝎宝宝也要妈妈的帮忙。我就曾看到过一些蝎宝宝被黏膜粘住，在已撕掉的卵囊中玩命地挣脱着转来转去，却不论怎样都爬不出来。仅有妈妈的那一下牙咬才可以让宝贝完全解脱。假如认为宝宝在解放过程中也起到了一点作用，那也是不对的。宝贝嫩小无力，即使它出生的袋子就像洋葱片内壁皮膜一样细薄，可是它就是摆脱不开这层细薄的皮膜。

嵌记妙语

母爱的起源是非常原始和深远的。

词语解释

跌宕起伏：跌宕，富于变化，有顿挫波折。形容事物多变，不稳定。也比喻音乐忽高忽低，很好听。

雏鸡喙尖上有一个暂时的硬茧，是为它破壳出来时啄壳用的。而蝎宝宝为了减少空间，是蜷缩为米粒状的。它死死地等候蝎妈妈的外援。蝎妈妈拼命地做着自己的工作，分娩中附带排出的东西也让它完全处理掉，就连那些随之而出的未受孕的卵也被处理干净了。一丝碎片都看不到了，全部回到蝎妈妈的胃里了，而产卵时占用的那块区域也都一干二净的。

如今，蝎宝宝被整理得一干二净，生龙活虎的。朗格多克蝎从头至尾长九毫米，全身雪白，而黑蝎长仅四毫米。随着产后清洗结束，蝎宝贝们一个个地向蝎妈妈背上爬去。它们顺着妈妈的双钳慢慢地向上爬。蝎妈妈把双钳贴地，以便于宝贝们攀爬。宝贝们一个个紧紧地聚在一起，并没队形，可却在妈妈背上留下了一条掩盖层。它们使自己的细小爪子紧紧地攀附在上面。我用毛笔尖将它们扫下来而又不忍心碰坏这些弱不禁风的小家伙，还好费一番折腾呢！蝎妈妈背着小宝贝们时，彼此谁都不动弹，这乃是做实验的绝佳时机。

身披蝎宝贝们构成的白色短披风的蝎妈妈丝毫不动。尾翘卷得高高的是值得观看的一景。如果我将一根麦秸靠近蝎子一家，蝎妈妈立刻凶狠狠地立起双钳。这种凶相仅在自卫时才表现出来。它竖起双臂做出拳击状，钳子大大张开，时刻准备还击。它的尾巴翘起，挥舞着，这在平时是很难见到的。尾巴不可忽然放平，否则就会带动脊背把背上的小宝贝们甩下一些来。拳头竖起就足够威吓敌人了，那架势凶猛、威吓而又来不及防范。我对此并不感到奇诡。我拨弄下来一个小宝贝，把它弄到它妈妈面前，距离有一指宽。蝎妈妈似乎并不在乎这个事故，它原就丝毫不动，这一会儿仍然一动不动。掉下几个小家伙又有什么可大惊小怪的？小家伙会自己想法摆脱困难的。落下去的小蝎子举手蹬脚,十分着急。接着忽然发觉妈妈的一只钳子就在自个跟前,于是,便快速地爬上去回到兄弟姐妹们当中。它最终又回到了妈妈宽厚的脊背上,可是动作十分地愚拙,和狼蛛的孩子们相差很大,后者个个都是空中高手。规模甚大的实验再次启动了。这一次我弄下来一些小蝎子,小家伙们到处都是,但相距并不是很远。它们迟疑不决了很久。正当它们绕来绕去不知怎么办才好时,蝎妈妈终于担心会发生不测了。它伸长胳膊——也就是它的两只钳子一样的触角——抱成一个半圆,将眼前的孩子抱住,因此那些迷路的小蝎子就被它弄了回来。此刻它很是"呆头呆脑",根本没想宝贝们也许会被自己压碎。母鸡咕咕一声叫,鸡崽立刻往翅膀下面跑,蝎妈妈用耙子耙了又耙,小蝎子就被归拢了回来。幸好,所有落地的蝎崽儿全都毫发未伤。回到蝎妈妈跟前,这些小家伙就不甘示弱地爬到妈妈身上,一转眼就在妈妈背上集合好了。

　　即使不是自己的崽儿,蝎妈妈也不会冷眼旁观,而是一如既往地爱护它们。我用毛笔尖把一只蝎妈妈背上的蝎宝贝全部或一小半儿扫下来,弄往另一只蝎妈妈伸手可触的地方,后者也会将它们耙到自己跟前,如同对自己的亲生孩子一样,而且非常愿意让这些新来的小宝贝爬到自己的背上去。它好像是要"收养"它们,如果"收养"这词不为过的话。"收养"说不上,那是狼蛛的事,由于它搞不清楚哪个是自己的崽儿,于是只要是在自己爪子跟面爬动的小狼蛛它都一股脑儿地接收下来。

　　我常常看到在地中海一带的常绿灌木丛间有背驮着小狼蛛们的母狼蛛在散步,我也始终盼望着能见到母蝎也这样驮着小蝎子们遛弯。但是,母蝎并不了解这种散心方式。一旦做了妈妈,母蝎就会有些日子不出家门了。哪怕是在晚上，其他蝎子都外出玩耍的时候，它也一样待着不离开。它把自己囚禁在自己的小屋里，不吃不喝，专心致志想着照顾子女。

小宝贝们也确实弱不禁风，可以说它们不得不经历第二回出生。它们正纹丝不动地等待第二次诞生，它们对此毫不生疏，就像由幼虫蜕变为成虫一般。即使小蝎与成年蝎外表这样类似，可轮廓线条没那么清楚，好像是透过雾气看见的一样。我怀疑它们须脱掉身上的衣服才可以变得健壮、威武。

它们这第二次出生不得不纹丝不动地待在母蝎背上一个礼拜。此时，"抛皮"（我不敢称为"蜕皮"）完成了。这之所以称为"抛皮"，是因为这和真实的蜕皮不一样，真实的蜕皮之后还要经过很多次。实际意义上的那数次蜕皮，是在胸廓上裂开一条缝，成虫从这独有的一条裂缝中脱颖而出，把原本旧的空壳衣服丢掉。这空壳的形状与刚从中爬出来的蝎子一个样，二者栩栩如生，难分好坏。

我们如今所看见的完全是另一码事。几只正在抛皮的小蝎子被我放到一块玻璃片上，它们丝毫不动地待着，好像颇受煎熬以至于快坚持不了了。外皮破裂，无特别的破裂线，是一起在各个方位破裂的；足爪从护腿套里伸出，双钳掀开护手甲，尾巴抽出尾鞘。全身的碎皮一起落下，如一团破衣烂衫。这是一种毫无头绪的斑驳掉落。这以后，小蝎才有了蝎子的正常容貌。除此以外，它们的行动也开始灵活自如了。即使仍然呈苍白色，可它们已活动自如了，它们急不可待地跑到蝎妈妈面前跳动、戏耍。最让人震惊的长进是它们忽然间变大了。朗格多克蝎的小蝎子正常身长十九毫米，但它们如今就已有十四毫米长了。黑蝎的小蝎身长从四毫米到六七毫米。身长增长了零点五倍，体积增长差不多两倍。

词语解释

脱颖而出：颖，细长物体的尖端。锥尖透过布囊显露出来。比喻本领全部显露出来。

在惊讶于这种忽然增长之余，我就在想这种忽然增长的理由在哪儿，由于小蝎子还没吃过一点食物，因此体重还没增长，反之会下降，因为抛掉了一层外皮。体积变大，可质量没增。所以，这是一种一定程度的膨胀，与热处理的毛坯物体的膨胀相似。它体内发生了一种改变，把生命分子聚成空间更大的组织体，因此虽没新的物质加入，体积反而增大了。我想，谁假如有足够的耐心并有一套适合的器械，就可以深层地观察到这种迅速改变的组织，从而得到某些有用的资料。我学识尚浅，没这本领，我把这一难题留给别人吧。

小蝎丢掉的外皮是一些白色条状物，一些条状物上有光一样的碎布片，它们并没掉落在地，而是依偎在蝎妈妈的背部，尤其是附着在足爪根部周围，绕成一块软软的毯子，刚抛皮的小蝎子就在上面休息。坐骑如今已披上马衣，骑手们坐在马上不用担心身体晃动。这层破衣烂衫做得牢固，鞍辔为骑手们准备了把手足镫，任凭它们来回上下，动作迅速潇洒。

当我用毛笔微微一拨，小蝎子们就纷纷落马，好玩的是它们又十分快速地纵身上马，稳坐于上。马衣垂条变成了小蝎子的攀爬锁链，以尾巴做杆，纵身一跃，小蝎子就坐上了马。小蝎子能这样快速上马，凭的是奇特的马衣，那真可谓是真假无别的攀缘绳。它不可能破裂、十分牢实，基本上在一周以内随意使用，直至小蝎子能够离开蝎妈妈的保护为止。

小蝎子的体色在此时便凸显了出来：金黄的肚腹和尾巴，晶莹剔透的琥珀色钳子。青春即是美丽的象征，全都在青春的照耀下变得光彩夺目。这会儿的小蝎子确实是漂漂亮亮、仪态万千。如果这样永不变化，如果那使人毛骨悚然的尾刺毒针不出现，那它们肯定会是人们爱不释手的宠物，罕见、稀奇而又特别招人喜爱。它们心中很快就升起了摆脱妈

嵌记妙语

无论什么生物的幼儿时期都是萌萌的。

妈监护的强烈欲望。它们激动地爬下妈妈的脊背,在周围疯玩乱耍。如果它们跑得太远,蝎妈妈就会呵斥它们,使用双臂耙在沙土上划拉,将它们聚拢起来。

在休息的时候,蝎妈妈和宝宝们的那副姿态好像母鸡带着鸡雏们憩息一样。大部分小蝎子都会待在地上紧贴着蝎妈妈,有几只停留在马衣那舒适的坐垫上。有的小蝎子爬在蝎妈妈尾巴上,爬上螺旋峰的高处,兴趣高涨、居高临下地注意着脚下的小蝎子群。忽然,又有新的杂技演员登场,将它们赶下高峰,取代它们。每个小蝎子都想看看这观景台到底是怎么回事。

大多数家庭成员都会围在蝎妈妈的身边,一个个不断地拱动着,钻到妈妈肚子下面蜷缩着,额头抛在外面,一对小黑眼睛炯炯有神。最爱动弹的小家伙更喜欢妈妈的足爪,那即是它们的体育器材,在其上面做高空杂技训练。静下来的时候,小家伙们就会又往妈妈背脊上爬去,寻好位置,坐下来,再也不动弹,妈妈和孩子们全都不动了。小蝎子成熟和准备离开妈妈监护的这个阶段会持续一个星期,恰好是不进食体积也能扩大两倍的奇特增长期。一窝小蝎子停留在蝎妈妈背上半个来月。母狼蛛背着自己的小宝宝们长达六七个月,而小宝宝们即使不吃不喝,也精神劲儿十足,不停地动弹。蝎妈妈的小宝宝们最少在获得新生与灵活的蜕变之后要吃点什么,蝎妈妈会不会邀请它们共进一餐?它会不会给它们留着自己的美食中更软嫩的佳肴?蝎妈妈谁都不邀请,它没有留下任何东西。

我放进一只蚱蜢给蝎妈妈,是我从我认为适合小蝎子们稚嫩的胃的小野味中精挑细选出来的。当母蝎毫不在乎自己的子女独自怡然自得地享用这只蚱蜢时,一只小蝎子从它的背上爬下来,探头探脑

词语解释

炯炯有神:炯炯,明亮的样子。形容人的眼睛发亮,很有精神。
怡然自得:怡然,安适愉快的样子。形容高兴而满足的样子。

地往下看，想搞明白妈妈在干什么。它使用爪尖碰到妈妈的下颌，忽然间，它慌忙地跑开了，这是聪明之举。正在津津有味地咀嚼的妈妈根本不会留一口给它，或许反倒会一把抓住它，毫不心疼地将它吃掉。蝎妈妈正在吃蚱蜢脑袋，又有一只小蝎子已经掉在了蚱蜢的尾部。小蝎子正轻咬轻拽蚱蜢，也想吃上一点。最后，它没有如愿以偿，因为这个部位太硬了。

我也看到过这样一些情景：假如蝎妈妈稍加关心，送小宝宝们一点吃的，那样小宝宝们会兴高采烈地尽情享受一番，尤其是给的食物很适合它们那稚小的胃的话，可是，蝎妈妈却只顾着自己享福，别的概不问津。唉，我那让我度过美妙时光的漂亮小宝宝们呀，你们该怎么办呢？你们想要离家出走，去遥远的地方寻找一些不起眼的小虫子吗？我从你们慌不择路地乱窜中看出了这一点。你们要离开自己的妈妈，而它也不会再认你们了。你们长得已非常健壮，也该各奔东西了。

假如我很清楚你们适合吃什么样的小活食，假如我时间充足，可以帮你们去寻找的话，我会非常开心地继续喂养你们的，但不是将你们继续养在你们出生时的玻璃笼子里的瓦片下，和大人们混在一起。我知道那些老家伙们，它们容不得别人，哪怕是它们的孩子。那些老妖怪会将你们吃了的，我的乖宝宝们。甚至你们的妈妈们也不愿意放过你们的。从此你们的妈妈们就视你们为陌路人了。第二年，婚俗季节，你们那妒忌成性的妈妈们在干完好事之后，就会将你们吃掉的。该离开了，乖宝宝们，三十六计走为上策。不然，我让你们住哪里？如何喂养你们？我们最好还是分开吧！尽管我心中免不了有点惆怅。过几日，我将你们送到你们的领地散放出去，就是那个有很多石头的山坡地。那里有明媚的温暖的阳光,你们在那儿会找到一些伙伴的,它们和你们一样刚刚开始成长,但是它们已经在自己的小石块下独立生活了,那些小石块有时仅有指甲盖儿那么点大。在那个地方,你们将要学会如何面对大自然的残酷挑战,这类学习比待在我身边更有效果。

朗格多克蝎

　　此类蝎子一直少于言辞，这种习性使它们总带着一种神秘的色彩，与它们交往索然寡味，它们的历史几乎就是空白，仅有的资料是从解剖中得到的。其机体构造在老师们的解剖刀下一览无余，可是，我所了解的是，到现在为止尚无人下定决心对其隐秘习性进行长久的研究。人们对朗格多克蝎的标本非常熟悉，但它的习性却依旧鲜有人知。对节肢动物来说，对别的任何节肢动物的研究都没有它重要。千百年以来，它激起了人们的想象力，以至人们在黄道十二宫中也给它留了一个位置。卢克莱修曾经说过："恐惧造就圣明。"蝎子通过恐惧被人们神化了，被称为天上的一个星座，并且成为历书上10月的象征。我们尝试使蝎子开口诉说。

　　在安排蝎子的住宿问题前，我先概括描述一下它们的体貌特征。一般的黑蝎在南欧很多地方都有，大家也都不陌生。它常常出没于我们住处周围的阴暗角落。到了阴天下雨的秋日它就会钻入我们家中，有时候还钻入我们的被子里。这可恶的昆虫给我们带来的不仅仅有疼痛，并且还有恐惧。尽管我现在

词语解释

索然寡味：寡，少，缺少。毫无意味或毫无兴致的样子。
卢克莱修：（前99—前55）古罗马哲学家，哲理诗人和抒情诗人。

的住宅中也有很多黑蝎，不过我观察时倒并未受到意外伤害。这类恶名远扬的可悲昆虫更多的是使人讨厌而非危险。

朗格多克蝎生活于地中海沿岸各省，人们对它更多的是害怕而非了解。它们并不骚扰我们的住处，总是躲得远远的，藏在荒僻地区。和黑蝎相比，朗格多克蝎称得上一个巨人，发育完全的时候，身长有八九厘米。它的颜色呈现干麦秸的那种金黄。

其尾巴——也就是在它肚腹上，为五节相连的状如酒桶的棱柱体，相互间由桶底板连接，构成粗细相同、参差错落的棱状条条，宛若一串珍珠。这样的纹络还遮盖着那举着大钳的大小臂膀，并将臂膀分割成一些条形磨面。尚有一些纹络弯弯曲曲地分布在脊背上，就如同其护胸甲接合部的绲边，并且是轧花绲边。这些凸出的小颗粒显现出了盔甲那粗野厚重的架势，那也就是朗格多克蝎的性格特征。就好像这个昆虫是用锋利的刀削砍出来的一样。

尾部还有一个第六节体，表面上光滑，为泡状，是制作并存放毒汁的小葫芦。蝎毒表面看上去如水一般，其实却有很强的毒性。毒腔末端是一个弯弯的螯针，色暗、尖锐。针尖不远处有个细小的孔，只有用放大镜方能隐约看见，毒汁从这细孔流出来，渗入被尖头刺破的对方伤口。螯针不仅硬还尖，我使用指头捏住螯针，令它扎一张硬纸片，它就如同缝衣针扎衣服一样容易。

螯针弯曲度非常大，在尾巴平放伸直时，针尖是朝下的。假如想要使用这个兵器，蝎子就必须将它抬起翻转过来，从下往上刺出去。这就是它永久不变的攻击术。蝎尾反卷在背部，瞬间伸直，攻击被钳子困住的对手。此外，蝎子平常总是保持这种姿态，不管是走动还是歇息，尾巴全卷贴在背上。尾巴平拖在地上的情况非常少见。

　　蝎钳从口里伸出，好像螯针的大钳子，不仅是战斗的武器，又是取得信息之器官。蝎子向前爬时，就会把钳子前伸，为弄清楚并对付所遇到的东西，它钳上的双指伸展着。假如必须刺杀对手的话，双钳就先镇住对方，把对方吓得不能动弹，然后螯针从背部伸出来袭击。最终，假如需要长时间地和猎物周旋的话，那对钳子就可以当作手来使用，将猎物抓送到嘴里。它们从没有被当作行走、固定或挖掘的工具使用过。

　　双钳发挥着真正的爪子的作用。它们宛若被突然截断的指头，指尖生出几只能活动的弯爪尖，其对面还竖着一根细且短的爪尖，几乎可以发挥到拇指的作用。那张小脸上长有一圈粗糙的睫毛。身体各部件组合成一个绝妙的攀缘器，这就充分说明蝎子为何能够在我的钟形罩网纱上爬来爬去，能够长久地仰着身子长时间地停在罩顶上，能够拖着沉重而笨拙的躯体沿着垂直的罩壁攀上爬下。蝎子身体下面，紧随爪子之后的是像梳子一样的东西，那是奇异的器官，是蝎子独具的采邑。梳子的名称源于它的结构。那是堆成长长一排的小薄片，彼此密密实实地拥挤着，就如同梳子齿似的。解剖学学者们怀疑它们是一部齿轮机，目的是在交配时相互紧密无间地连接在一起。为了查探它们交配时的习性，我将朗格多克蝎搁进放着些大块陶片的大笼子里，玻璃壁板装在大笼子上面，那些陶片就是这十二对朗格多克蝎的新处所。4月里，燕子飞，布谷叫，一场革命在一直宁静生活的蝎子间引发。在我的花园露天建造的昆虫小镇子里，很多蝎子跑出去进行夜晚朝圣了，并且一去不回。最为厉害的是，我数次看见相同的一块

词语解释

采邑（cǎiyì）：古代国君封赐给卿大夫作为世禄的田邑，这里指蝎子所有的器官十分独特，别的昆虫没有。

砖头下待有两只蝎子，其中一只正在大快朵颐——对象是倒霉的另一只蝎子。难道这是蝎子界同类互残的谋杀案？大好时节开始了，本性好游的蝎子们有意闯入邻居家里，由于体力不如对方而被对方视为美食，命赴黄泉？也许是这个理由吧，因为闯入者被缓缓地吃了整整一天，好像是被抓到的猎物一样。

而值得注意的是：被吃掉的，毫无例外地全是个头中等的蝎子。它们体色分外金黄，肚腹略小，证实是雄蝎，并且被吃的一直是雄性。别的死去的那些肚子滚圆、体形微大的暗色蝎子没如此惨。于是，这里所发生的也许并不是邻居之间的打架，并不是由于太热爱独处而对一切来访者抱有恶意，随即将它当成了美食，以此作为处理冒失鬼的最终的办法，而是婚俗的规则导致，在交尾以后由女方残忍地将男方吃掉完事。春暖花开时，我已事前预备好了一个宽大亮堂的玻璃笼子，放了二十五只蝎子，每只蝎子一片瓦。1月至4月中旬，每天晚上7点至9点这段时间，玻璃宫中就闹腾起来。白天如同荒漠，这时却四处欢歌。我们全家每吃好晚餐就跑向玻璃笼子。我们将一盏提灯挂到笼子跟前，就能看到事件的所有过程了。

我们通过一天的繁乱之后，此时有好的消遣了。眼底便是一台好戏。在这出由天然演员演出的戏里，它们每个动作趣味横生，以至于刚将提灯点亮，我们全家大小全都在池座坐好了，连爱犬汤姆也过来观看。可是，汤姆对蝎子的事毫无兴趣，慢慢地躺在我们面前打起了呼噜，但是却始终睁一只眼、闭一只眼，看着它的伙伴——我的孩儿们。我想给读者们讲述一下所发生的事情。临近玻璃壁板的提灯照得不太亮的地方，霎时就聚集起很多蝎子。四处漂游着的孤单的蝎子，它

同步思考

法布尔全家在晚餐结束后跑向玻璃笼子要看蝎子们表演什么？

词语解释

池座：指剧场环绕方形舞台左、右、正、中三面的楼下座位。

们被光招引,远离暗处,奔向明亮的开心处。夜蛾子扑向灯火的场景也没有它们那么壮观。后来者混进之前的那群蝎子中去了,而还有一部分由于懒得争抢,退回暗处,休息一会儿后满怀激情地回到舞台上。

这浮躁狂热的惊悚场景好比一场盛大的欢乐舞会,非常令人神往。有一些从很远的地方跑来,它们庄重严谨地从黑处爬过来,忽然如滑行一样快速而轻松地冲向明亮处的蝎子群,像碎步急行的小耗子一般灵活。蝎子们互相找寻着,但指尖稍稍碰到就像双方都被烫着了一样赶快跑走。还有一些与同伙微微抱滚在一块儿,又赶快分离,盲目,手足无措,跑到黑地稳一稳神儿,又一次次重头再来。

经常会有一阵剧烈的喧哗:爪子互相缠绕,钳子又抓又夹,尾儿你钩我打,谁也搞不明白这是恫吓还是关爱。在嘈杂之中,找到一个适合的视线,就能够发觉一对如红宝石一般闪耀的小亮点。你会认为那是闪闪发亮的眼睛,事实上那是两个小棱面,如反光镜一般明亮,长在蝎子的头上。蝎子们不论大小胖瘦高低全部加入了混战,那仿佛是一场生死之战,一场大屠杀,然而也是一场狂野的嬉闹。那就仿佛是小猫咪们缠绕在一块一般。不一会儿,大家散开来,每一只蝎子都朝自己的方向跑去,丝毫没有一点受伤。

如今,四面散去的逃跑者们又再次回到灯光前头来。它们爬过来游过去,走了又回来,时常是头碰头、脸碰脸的。最着急的通常从别人的背上爬过去,后者仅是摇摇屁股以示反对。如今还没到<u>大动干戈</u>的时候,最多只是两个相碰,扇个小耳光而已,意思也就是说用尾巴拍打一下罢了。对蝎子来讲,这样不下狠手用毒针的拼斗就是一场平常拳击比赛

词语解释
大动干戈:干戈,古代的两种武器。大规模地进行战争。比喻大张声势地行事。

罢了。

比这还好看的也有：有些偶然一见的拼斗方式尤其新奇别样。小路相遇，脑瓜对着脑瓜，两双钳子分别收回，立起后身拿大顶，用力之下，胸脯上八个呼吸小气囊全部展现。此刻，那两只旗杆一样耸立的尾巴相互摩擦着，上下来回滑着，钩刺稍稍钩连，同时一回回钩住又放开，放开又钩起。突然，这看似友好的动作结束了，两者匆匆离开了，招呼也不打一声。

它们这动作有什么意图？难道是情敌间的比试？看起来不是，理由是它们并无互相凶狠地直视彼此。我从之后的观察中明白，这两位是在眉目传情，私订终身。蝎子倒竖起来是在倾诉自己的浓厚情意。

如果一直像我之前所做，日日观察、日日积累，并把材料汇总在一块儿，这会是非常有好处的，并且阐述起来也很快，但是，这样一来，那每个特色且很难融会贯通的每一幕细节就被省去了，阐述的乐趣性也因此消失了。在说明这么奇异同时又不为人知的昆虫习性时，什么都不应当省去不提。最好是借鉴编年法，并将观察到的新消息分段阐述出来，即使这样做有反复麻烦之嫌。可是这种无规则必定形成有序，因为每天夜里的那些令人神往的情形都可以提供一种联系，对之前的情况加以验证补充。我现在就进行列举叙述。

1904 年 4 月 25 日

啊！这是怎么了？我从没放松过警惕，不过如此的情况我尚属第一回目睹。两只蝎子相对将钳子伸出，钳子相夹。这是友谊的握手，而不是厮杀的前奏，由于双方都用最和平友好的态度和对方相处。这是一雌一雄两只蝎子。一只是雌蝎，色暗肚大；另一个是雄蝎，瘦小苍白。它俩都将长尾卷成美丽

词语解释

拿大顶：倒位的俗称。

的螺旋花状，步子有模有样地顺着玻璃墙边踱着。雄蝎在前稳稳当当地倒退着走，压根儿不像拖不走对方的架势。雌蝎被捉住爪尖，与雄蝎相对着，信任地跟着走。

它们走走停停，却一直绞在一起。它们停一会儿再走起来，毫无目的地到处乱走，从围墙的一头到另一头。看不出它们究竟要去向哪里，它们就这样闲逛着，开始暗送秋波地发情。此时此刻让我想到在我们乡下，每个礼拜天晚祷以后，年轻人一对对手牵手、肩并肩地顺着篱笆墙遛弯儿。它们时常掉转回头，一直是由雄蝎抉择往什么方向走。雄蝎始终没撒开雌蝎的手，亲密地转个半圆，与雌蝎肩并肩。此时，雄蝎张开尾巴微微抚摸雌蝎一会儿，雌蝎则不动声色。我总是饶有兴趣地观看着这出无休无止的爱情大戏，慢慢地过了一个钟头。家里有人帮我一块观察这番异情盛景，世上还无人见到这种场景，起码是没有以善于观察的眼光看过这类演出。即使天色不早，我们又经常早睡，可是我们却一直保持着高度集中的注意力，不错过一点关键情节。

最终，10点钟的时候，雌雄要有结果了。雄蝎爬到一片它认为合适的瓦片上，放开雌蝎的一只手，仅放了一只手，另一只手依旧紧抓着不放，用撒开的一只手扒一扒，用尾巴扫了扫。一个洞口展开来了。雄蝎钻进去了，之后，十分小心、慢手慢脚地把在耐心等候着的雌蝎拉到洞内。不一会儿，它们就不见了行踪。一块沙土垫子将洞门封上。这对情侣进了洞房。扰乱它俩的喜事是愚昧的，我假如想要立刻看见洞内所发生的状况的话，也许就操之过急、不合逻辑了。耳鬓厮磨，打算进港大概就要持续个大半夜，而我已年近八旬，熬长夜已让我力不能及。腿脚酸痛麻木，两眼眼巴巴地胀涩，还是先睡一觉比较好。

词语解释

耳鬓厮磨：鬓，鬓发；厮，互相；磨，擦。耳与鬓发互相摩擦。形容相处亲密。

蝎子占有了我的全部梦境。梦里，它们四处乱爬，被窝间、脸上，但是我并不为此担忧，因为我心里始终在思索有关蝎子的让人惊叹的事。第二日，天才开亮，我便去将那块瓦片掀开了。那里，仅有一只孤单单的雌蝎子。雄蝎则毫无消息了，既不在那个洞里待着，也不在周边游荡。这是我的第一个失望，后面的失望大概会一个接一个的。

5月10日

大约晚上7点钟的时候，天上乌云密布，大雨将至。在玻璃笼子的一块瓦片底下，有一对蝎子正脸向着脸，手钩着手，纹丝不动地待着。我非常细心地掀开瓦片，让这对居民显露出来，好随时观察它俩这种脸朝脸后的所作所为。天慢慢地黑下来，在没有屋顶的安逸的住处，我感觉不会有什么扰乱。瓢泼大雨哗啦地泻下，我必须抽身回屋躲雨。蝎子们有玻璃笼子保护，不怕雨的倾泻。它们的凹室被揭走华盖，就这样被弃之于那儿做其好事，那它们将如何操纵呢？

一个小时后雨停了，我又回到蝎子笼旁，它俩走了。它俩选择附近的一所有瓦顶的屋子住下来。雌蝎在外边等待着，而雄蝎则在里边安排新房，但指头依旧钩着。家中人每十分钟交换一次，避免错过我感觉随时都将开始的交尾。不过这样紧张一点用没有。快8点时天已彻底黑了，这对蝎子因为不喜欢所选的新房，开始走上朝圣之路，依旧是手钩手，四处寻找。雄蝎倒退着指引方向，挑选自己满意的住处，雌蝎则跟着，安静服帖。这和我4月25日所见到的相差无几。

好不容易找到了它们彼此都满意的瓦屋。雄蝎先钻进去，但这一次它没放开自己的情侣一分一秒。它用尾巴快刀斩乱麻似的一划拉，新房就准备停当。雌蝎被雄蝎轻轻温柔地拉着，随其步入洞房。

两个小时过去了，我自以为已经给了它俩相当久的时间做好准备，成就好事，便前往观看。我掀开瓦片，它俩就在里边，依旧维持着之前的姿势，脸朝脸，手牵手。看上去今天是没有更多的花样可观的了。

第二天，仍旧未看到新花样。面朝面，都各有所想的模样，爪子一动不动，手指依旧钩着，在瓦顶下接着那无休无止的脉脉含情。夕阳西去，暮色降临，通过一天一夜的你我密切相连以后，这对情侣终于分手了。雄蝎离开了瓦屋，雌蝎还留在那里，好事没见一点进展。

这场戏中有两种情况不得不记住：第一，一对情侣互敬互爱地散步以后，不得不有一个隐蔽而宁静的住处。在露天地里，在宽敞明亮的环境中，在众人眼皮底下，这样的好事是无论如何做不成的。屋瓦掀去，不论白天或是黑夜，不论怎样小心翼翼，情侣们还是会思索很久，离开原地，另找新址。第二，在瓦屋中滞留的时间是很久的，我们方才已经看见，都等了一天一夜了，仍没看见决定性的一幕。

5月12日

今夜这一幕将告知我们些什么？酷热没风的气候，很合适夜里约会发情。两只蝎子已经成双配对，但我并没看到它俩是怎样亲热上的。这一次，雄蝎的体形要比肚大腰圆的雌蝎小很多，可雄蝎却是威风未减。如约好的一般，雄蝎倒退着，尾巴卷作喇叭状，带着胖雌蝎在玻璃墙边自如地散步。它们就这样一圈又一圈地走着，一会儿是在一个方向，一会儿又走回来继续转圈。

它们常常会停下休憩。停下时，两位头抵头，一个稍稍向左，另一个稍稍向右，似乎是在秘密交谈，窃窃私语。前部的小爪子摩擦着，想轻抚对方。

它俩在说些什么？那无声的海誓山盟怎么才可以翻译出来？

最后全家人都跑来观赏这奇异的恋爱场景，而且，我们的光临对它们好像无任何影响。那场景让人甚感风趣，这样讲一点也不夸张。在提灯的亮光下，它俩好像镶嵌在一块黄色琥珀之中的半透明、半光亮的东西。它们长臂前伸，长尾卷作好看的螺旋状，动作轻巧温柔，一步步地进行漫长征途了。

所有事情都没有扰乱到它俩。如果有一个晚间乘凉的流浪汉，就像它俩那样子也在沿着墙根遛弯儿，与它俩中途相遇，它知道它俩是在打算做一些神秘的事情，便会躲在一旁，让它俩过去。最终，一处瓦片隐秘所收留了它俩，因此，不说便知，雄蝎先是倒退着走入。这时已是夜里9点钟了。随着夜间的田园诗之后是<u>惨绝人寰</u>的悲剧。次日天亮后，雌蝎依旧在昨天晚上的瓦片那儿，但是弱小的雄蝎的身体有一些已到了雌蝎的肚子里。它的头、一只钳子、一对爪子丧失了。我将这具残尸放到瓦屋门口。一整个白天，隐藏的雌蝎没对它动手。万籁俱静时，雌蝎出来了，在门口碰到死者，把死者拖到远处，在这为它进行盛大的葬礼，也就是把死者吃得一干二净。

如今看见的这同类相食的情侣跟去年我在昆虫小镇上所看到的情景一模一样。那时，我随时都可以看到一只胖胖的雌蝎在石块底下兴致勃勃地吃着自己夜里的伴侣这道大餐。那时我就在猜测，雄蝎如果做完好事不能及时抽身的话，肯定会被雌蝎整个或部分地吃掉，这要看雌蝎那时的食欲如何。如今，现实就摆在我的面前，我的猜测一言即中。昨天我亲眼看见这对恋人在漫步中做好充分的准备工作后才一块走入了洞房，但是到了今天早晨，我跑

词语解释

惨绝人寰：人寰，人世。世界上再没有比这更惨痛的事。形容惨痛到了极点。

去看时，在同一块瓦片底下，新娘正在享用自己的新郎呢。不必猜想，那倒霉的雄蝎已然命丧黄泉了。但是，因为繁衍需要，雌蝎不可能把雄蝎完全吃掉的。昨晚这对情侣做事斩钉截铁，可我看到其他的一些情侣，时针都转了两圈了，可它们还在耳鬓厮磨，磨磨叽叽的。一些无法掌握的外在原因，譬如气压温度、个体激情的差别等，会极大地加速或延缓交尾高潮的到来。而这正是最大麻烦之所在，使得一门心思想要了解至今仍未能为人所知晓的观察者，难以准确无误地抓住时机。

5月14日

肯定不是因为饥饿才使我的蝎子们每天夜里都激情四射的。它们每夜的热情狂欢和寻找食物没一点关系。我刚向那些匆匆忙忙的蝎群中扔入各式各样的食物，都是从它们看起来很符合胃口的食物中挑出的。其中有幼蝗虫的嫩肉部分、有比一般蝗虫肉厚肥美的小飞蝗、有翅膀被裁的尺蛾。天渐渐暖和时，我还抓一些蜻蜓来喂它们，那是蝎子十分喜欢吃的食物，我还将蚊蛉弄来给它们吃，也同样受到了它们的欢迎。之前我曾在蝎子窝里看到过蚊蛉的残骸与翅膀。

蝎子对如此多的高级野味没觉得有兴趣，无论哪只蝎子都对此不以为然。在杂乱的笼子里，小飞蝗在蹦跳，尺蛾以残翅击打地表，蜻蜓在胆战心惊，但是蝎子们从这些野味身边走过时却并不在意它们。蝎子们从它们身上踏过，击倒它们，甩自己的尾巴将它们弄来弄去。总之。蝎子们就不需要它们，彻底不需要。它们还有别的事情要做。

几乎所有的蝎子都在沿着玻璃墙行走。有些顽固者还尝试着向高处爬，它们用尾巴撑着身子，一滑就溜下来，之后又在其他地方尝试向上爬。它们伸出拳头打击玻璃墙并玩命地非得抢在前面。可是，这个玻璃公园很宽阔，人人都有地方待着；小径有很多条，完全可供大家长时间地散步。这些它们都不顾，它们要朝远的地方奔去。假若它们有了自由身，那么附近所有地方都会有它们的影子。去年，也是这个时节，笼中的蝎子离开昆虫小镇后，我就再没看到它们。

　　游走是出于它们春季交配期的需要。之前总是孤独地生活着的它们如今要离开自己的囚室很远，去朝圣美好的爱情，它们对饮食方面不在乎，一心就想着去寻找自己的伴侣。在它们活动周边的砖石堆里，也许也会有一些能够幽会、集聚的优选之地。假若不担心在夜里走在它们这儿的乱石丛中会摔断腿，我还真期盼能去那儿认真观察一下它们闲散、温暖美好的男欢女爱哩。它们在光秃秃的山坡上做些什么呢？看上去与在玻璃笼内做的没什么两样。雄蝎择好一位新娘以后，便手拉手地带着新娘穿走于薰衣草丛里，悠闲漫步。如果说它们在那儿不能享受到我昏暗小灯的暗光的话，它们却有月光那不可取代的提灯为之照耀。

　　5月20日

　　并不是每个晚上都能看到雄蝎邀雌蝎一块儿散步的场景。很多蝎子从它们自己的瓦屋里走出来时都已经是成双成对的了。它们就这样手牵手度过了所有的白昼，面面相看、深思沉默、<u>纹丝</u>不动。夜幕降下，它们依然不会分手，沿着玻璃墙边，又要重复昨天晚上、也许是更前些时候就进行的漫步。我不晓得它们是什么时候又是怎样结合在一起的。有一些是在僻静小道上巧遇的，而我们不好观察到这一幕。当我隐隐发现它们时，为时已晚，它们已牵手而行了。

　　今天，我走运了。在我面前，提灯照得最亮的区域，一对情侣已交配成了。一只雄蝎喜笑颜开、

词语解释

纹丝不动：一点儿也不动。形容没有丝毫改变。

生气蓬勃地在蝎群中横行霸道，一刹那就和一个它喜爱的路过的雌蝎遇见了。后者没有拒绝，好事当然也就成了。它俩头对头，钳子撑着地，尾巴在大幅度地摇摆着，接下来，尾巴立直，尾梢相互钩住，温厚亲和地互相抚摸。这对情侣在拿大顶，其方式我们先前已经阐述过了。不一会儿，立起的尾巴架拆开了，它们的钳指依旧钩着，没变别的花样，就这样上路了。金字塔形姿态绝对是两两出行的前奏乐。这种姿势其实很容易见到，哪怕是两只同性蝎子相见也似乎如此，可异性间这种姿势会比同性间的正宗。同性间并无这样一丝不苟。同性搭建金字塔时行为焦急，并不是友好地撩拨，它们之间是互相碰撞而不是轻抚。

　　我们对那只雄蝎稍稍做了一下跟随。它匆忙后退，对战胜了对方沾沾自喜。它遇见的其他雌蝎全都新奇地，也许是忌妒地排在两边，看到这对情侣经过。其中有一只雌蝎突然扑向被牵着的新娘，用爪子弄紧它，想全力地分开这对情侣。那雄蝎玩命地抵制那个进攻者的庞大拖拽力，它用劲儿地摇摆，玩命地拉拽，但都不能奏效。到最后它舍弃了，这个突发事件并不会让人感到可惜。旁边就有一只雌蝎候着。这一次，它简单商谈几句，<u>快刀斩乱麻</u>地就将事情办好了，它拉住这个新雌蝎的手，邀它一块散步。后者不情愿，摆脱开来，逃之大吉。此时雄蝎又看上那队的另外一只雌蝎，之后它又采取单刀直入的方法。这回，雌蝎答应了，但是这并不证明它途中不会离开这只雄性诱导者。然而这对年轻的雄蝎也不算什么！一个走了，还有不计其数的雌蝎在等候着它呢。那它到底要什么样的呢？要第一个投怀送抱的。

　　这第一个送入怀抱的，它找见了，它正带着它的被战胜者遛弯儿哩。雄蝎走到了光亮区域。假若

词语解释

快刀斩乱麻：比喻做事果断，能采取坚决有效的措施，很快解决复杂的问题。

对方谢绝跟它接着向前，那它就会玩命拖拽；假若对方对它百依百顺，那它也友好相待。途中它经常会停下来歇息，有些时候休息的时间还很久。此时的雄性会做一些看上去怪怪的动作。它把双钳——更精准地说是双臂收起，之后再直伸出去，迫使雌蝎也一次次地做这类动作。它俩成了一个节肢拉杆机械，形成不停启合的形态。这种敏捷性训练做好以后，机械拉杆就保持不动，处在僵持状态了。

如今，它俩额头相碰，两张嘴相互贴在一起，窃窃私语。这种轻抚就像我们的亲吻和相拥。只是我不能冒昧地这样说，由于它们无头、脸、嘴唇以及面颊，如同被截肢剪一刀剪掉了一样，以至于蝎子都无鼻子尖。这个应当是面部的区域，它们却长了一些难看的颌骨平板。

但此刻却是蝎子最甜美的时刻！它将自己那比其他的爪子更敏锐、更柔弱的前爪轻敲着雌蝎的丑脸，但在雄蝎眼里，这可是十分娇俏、十分甜美的面貌啊！它心急难忍地微微咬着，使下颌摆弄对方那十分难看的嘴。这是温情与天真的最佳境界。听说接吻的创始者是鸽子，可我却得知原来这蝎子是比鸽子还早的创造者。

雌蝎任凭雄蝎玩弄，它丝毫没有主动权，心中隐藏着趁机逃走的计划。但是如何才能胜利逃走呢？很容易。雌蝎以尾当棒，向着得意忘形的雄蝎腕子猛地一击，后者立刻撒开了手。于是，两蝎分开。次日，气消以后，好事又再次呈现了。

5月25日

这雌蝎的当头一棒向我们表明，起先观察到的温柔的雌蝎伴侣也会有自己的小性子，会固执地拒绝对方，说翻脸便翻脸。我们可以举一个例子。

这天晚上，一对漂亮的雌雄二蝎正在散步。它

同步思考

动物界中，接吻的创始人是谁？

俩找到一处很合心意的居室。雄蝎就松开一只钳子，只有松开一只，才能够活动自如点。它使用爪子和尾巴开始清扫入口，之后便钻了进去。伴随着洞穴渐渐扩展、深入，雌蝎便同样跟着钻了进去，看来是自愿的。

过了一会儿，也许是空间或时间不对，雌蝎在洞口现身了，半个身子退到洞外，它在尽力摆脱雄蝎。后者身在洞里，拼命地往里拉拽雌蝎。纠缠十分激烈，一个在里面使劲儿拽，另一个在外面用力挣。双方进进退退、胜负难分。最终，雌蝎猛一使劲，反而将雄蝎给拽了出来。

二者并不就此分开，仅是来到室外散起步来。足有一个小时，它俩绕着玻璃笼墙根转来转去，最后又回到了从前那片瓦前。穴道本已开放，雄蝎便钻了进去，接着便疯了似的拉拽雌蝎。雌蝎身在洞外，奋力地抵挡着。它挺直了足爪，踩紧地面，将尾巴拱起，顶紧屋门，怎么都不肯进入室内。我觉得它的反抗并不使人扫兴。倘若没有前奏曲当作铺垫，那交尾还有什么吸引力呢！

此时，瓦片内的雄蝎用尽浑身解数引诱劝导，雌蝎最终顺从地进入洞里。钟刚刚敲10点。我即使要熬上一整夜，也一定要看完此剧。我会在适当的时候揭开瓦片，看看下面有什么发生。时机不容错过，既然有如此机会，我怎会怠慢！我将看到什么呢？

最终毫无收获。刚过不到半小时，雌蝎便抵抗胜利，摆脱雄蝎的束缚，自洞里爬出来逃之夭夭了。雄蝎马上从瓦片下深处追了出来，到了门口左顾右盼却不见伊人靓影。它便只有灰溜溜地回到瓦片下。它被骗了，我也同样受了蒙蔽。

6月刚到。由于害怕太强的光会惊扰到蝎子，我先前总是把提灯挂在玻璃笼子外头，且离它有段

词语解释

浑身解数：浑身，全身，指所有的；解数，套数，指武艺。所有的本领，全部的权术手腕。

距离。因为光线不足，我无法清楚看到散步的蝎子情侣你牵我拽的某些具体细节。它们手挽手时是否你情我愿？它们的钳指是否相互咬合着？或者仅一个采取主动？那又是哪一个呢？这一点十分重要，我想将其搞明白。提灯被我放在笼子中间，这样便可以将笼子照亮堂了。蝎子们不但不怕亮光，并且还十分乐意。它们围着提灯爬来爬去。有的为了能够更加接近光源甚至还企图爬上提灯，它们借助玻璃灯罩竟然真爬上去了。它们抓住铁片的边缘，不断地滑落、爬上，最终凭借坚韧不拔的毅力爬到了顶上。它们停在上面一动不动，肚子部分贴紧玻璃罩，部分贴紧金属框架，整个夜晚它们都没看够，为这灯的灿烂而叹服。它们使我回想起以前的大孔雀蝶在灯罩上扬扬自得的情形来。

　　在灯下的一片亮光处，一对情侣正紧张地在拿大顶。它俩使用尾巴温存地抚弄一番，然后便向前走去。仅有雄蝎在采取主动，它使用每把钳子的双指夹紧雌蝎与之相对应的双指。这里均处于雄蝎的掌控之中，它想夹紧便可夹紧，想松开便可松开，松开它的双钳，套便随之开了。雌蝎就无法这样，它是俘虏，勾引者早就为它戴上了拇指铐。

　　在某些较罕见的场景中，我们还可以观察得更清楚点。我曾有一次无意中看到过一只雄蝎抓住伊人的两只爪往前拉它。我还曾见过这样的事：雄蝎使劲拉扯被自己抓住尾巴和一只后爪的雌蝎。雌蝎拼命地摆脱雄蝎伸出的爪子，却被用尽全力的雄蝎推翻在地，雄蝎顺势伸爪抓紧对方。一切是明显的：这是实实在在的劫持，是赤裸裸的强制施暴，就如同罗慕鲁斯王的部下掠夺萨宾妇女一样。

词语解释

罗慕鲁斯王：（约前771—前717）与雷穆斯（约前771—前753）是罗马神话中罗马市的奠基人。在罗马神话中他们是一对双生子。他们的母亲是女祭司雷亚·西尔维亚，他们的父亲是战神玛尔斯。按照普鲁塔克和蒂托·李维等的传统罗马历史记载，罗慕鲁斯是罗马王政时代的首位国王。

附录

法布尔一生大事记
童年

1823年12月21日出生于法国南部鲁那格山区的古老村落——撒·雷旺，村中的利卡尔老师为他取名为约翰·安利。父亲安杜瓦纳（生于1800年），妈妈费克瓦尔（生于1805年）。

1825年弟弟弗朗提力克出生。

1827年由于妈妈要照顾年幼的弟弟，所以他从三岁一直到六岁，都寄养在玛拉邦村的祖父母家。这里是个大农家，有许多比他年长的小孩。他是个好奇心重，记忆力强的孩子，曾自我证实光是由眼睛看到的，并追查出树叶里的鸣虫是露螽。睡前最喜欢听祖母讲故事，而寒冷的冬夜里则常抱着绵羊睡觉。

1830年回到撒·雷旺村，进入利卡尔老师开办的私塾就读，上课中，常有小猪、小鸡跑进教室觅食。由动物图书记下A、B、C等字母，对昆虫和草类产生兴趣，发现黑喉鸲的巢，取得巢中青蓝色的蛋，经神父劝说，把鸟蛋归还原处。为增加家庭收入，帮忙照看小鸭，负责赶到沼泽放养，因而发现沼泽中的生物和水晶、云母等矿石。

1833年全家搬到罗德斯镇，父亲以经营咖啡店为生，进入国立学院，担任望弥撒仪式助手而免交学费。在校期间，学习拉丁语和希腊语，喜欢读古罗马诗人维尔基里斯的诗。

1837年父亲经营咖啡店失败，举家迁往托尔斯，进入埃斯基尔神学院。

1838年父亲的生意再度失败，全家搬到蒙贝利市，又开了一间店。独自离家，以卖柠檬、做铁路工人等自力更生。曾用超过一日工资所得购买《鲁布尔诗集》，携至原野上阅读，以认识各种昆虫为最大乐事，第一次抓到欧洲云鳃金龟时，感到特别高兴。

青少年

卡尔班托拉时代

1839年以公费生第一名考进亚威农师范学校，在学校住宿。由于上课内容太枯燥，常趁自习时间观察胡蜂的螫针、植物的果实或写诗，在雷·撒格尔山丘上，第一次看到神圣粪金龟努力推粪的情景，内心感动不已。

1840年因成绩退步被师长责骂而发愤图强，在两年内修完三年的学分，剩下的一年自由学习博物学、拉丁语和希腊语。

1842年师范学校毕业后，成为卡尔班托拉小学的老师，年薪七百法郎，因热心教学，深获好评。父亲经商失败，由蒙贝利市搬到波尔多镇。

1843年上野外测量实习课时，由学生处得知涂壁花蜂。也由于这种蜂而开始阅读布兰歇、雷欧米尔等人著的《节肢动物志》，从此倾心昆虫学。

1844年和同事玛莉·凡雅尔（二十三岁）结婚。

自己进修数学、物理、化学等。父亲的咖啡店又关闭，暂时在卡尔班托拉税务署工作。

1845年长女艾莉莎贝特诞生。

1846年艾莉莎贝特夭折。通过蒙彼利埃大学数学的入学资格考试。弟弟弗郎提力克成为小学老师。

1847年取得蒙彼利埃大学数学学士。长子约翰诞生。

1848年取得蒙彼利埃大学物理学学士。长子约翰夭折。十分欣赏托斯内尔（法国文学家）有关鸟类的著述，希望能到大学教书，但苦无机会。

青年

科西嘉时代

1849年任职科西嘉阿杰格希欧国立高级中学的物理教师，年薪一千八百法郎。面对科西嘉丰富的大自然，开始研究动植物。此外，他也十分热衷于数学。与植物学家鲁基亚一起攀登科西嘉的每座山采集植物。

1850年次女安得蕾诞生。

1851年托尔斯大学的博物学教授蒙肯·塔顿来到科西嘉，塔顿解剖蜗牛给法布尔看，发现他资质优异而力劝他朝博物学努力，从此兴趣由数学转向博物学，立志成为博物学家。年底，因感染热病回到亚威农静养。鲁基亚在科西嘉因病猝逝。

1852年恢复健康，回到阿杰格希欧中学。

亚威农时代

1853年成为亚威农师范学校（日后改制为利塞·阿贝纽国立高级中学）物理助教，年薪一千六百法郎。三女阿莱亚诞生。

1854年取得托尔斯大学博物学学士。阅读雷恩·杜夫尔写的有关狩猎蜂——黄腰土栖蜂的论文后，决心研究昆虫生态，他的潜能像被点燃的薪柴，熊熊燃烧起来，在卡尔班托拉的悬崖上，研究狩猎象鼻虫的瘤土栖蜂，并更正杜夫尔的错误，发表更深入的论文。

1855年四女克蕾儿诞生，陆续在科学杂志上发表《观察豌豆属植物的花和果实》等与植物有关的论文。

1856年以研究瘤土栖蜂而获得法国学士院的实验生理学奖。继续研究高鼻蜂、短翅芜菁等昆虫，但因生活困苦，研究时间不多。兼任课外辅导、家庭教师等职，开始研究由茜草提炼染料。

1857年5月21日，在条纹蜂的巢中发现短翅芜菁的幼虫，并发表《芜菁科昆虫的变态》论文，另外还发表了有关植物的论文。

1858年得知没有财产就不可能成为大学教授后，全心投入茜草染料的研究。

1859年达尔文在《物种起源》一书中，赞誉法布尔是一位"罕见的观察者"。次子朱尔诞生。担任鲁基亚博物馆馆长。督察德留依到访，与植物学家杜拉寇尔结识，之后又与住在亚威农的英国经济学家米勒相知，成为同好。

1862年由安谢特出版小学用图书。认识巴黎出版社社长得拉克拉普，受到他的鼓励，立志著述浅显易懂的科学读物。

1863年三子爱弥尔诞生，德留依当上教育部部长。

1865年登班杜山遇险，细菌学家巴斯德来访，交由得拉克拉普出版《天空》《大地》等科学读物。

1866年成功地由茜草直接抽取染料色素，受聘为亚威农师范学校物理学教授。

1867年对亚威农的贡献受肯定，获卡尼耶奖，奖金九千法郎。

1868年由于教育部长德留依的推荐，获雷自旺·得努尔勋章，并拜谒拿破仑三世。担任夜间公开讲座的博物学、物理学讲师。将研究成功的茜草染料工业化。工厂成立不久，德国完成蒜硫胺的化学合成染料，茜草染料工业化的梦想因而破灭。公开讲座的授课方式遭保守的教育者、教会反对，遂辞退师范学校教职。

中年

欧兰就时代

1870年向米勒借贷，搬到欧兰就。抚养一家七口，负担沉重。幸好科学读物陆续出版，能一点一点还钱。

1871年过着著书、观察昆虫的生活。这一年，因为发生德法战争，无法按时取得版税和稿费，生活更加困苦。

1872年由于德留侬的介绍，化学家提马致赠显微镜。

1873年米勒去世。被迫辞去鲁基亚博物馆馆长一职，向市长抗议。获巴黎爱护动物协会颁发的银牌，有关数学、植物、物理的著作相继问市。

1877年次子朱尔去世，把发现的三种蜂以"朱尔"的拉丁语"伏利渥司"分别命名为伏利渥司土栖蜂、伏利渥司高鼻蜂、伏利渥司穴蜂。

1878年因朱尔的死，深受打击，身体也大不如前。感染肺炎几乎死去，幸以坚强的意志力渡过难关。

老年

阿兰玛斯时代

1879年完成《昆虫记》第一册（原稿内容包括：推粪球的神圣粪金龟、捕象鼻虫的瘤土栖蜂、捉短翅螽斯的兰格道格穴蜂等）。

因房东将欧兰就家门前的两排悬铃木砍掉，愤而搬家。在隆里尼村外找到理想中的家园，取名为"阿尔玛斯"（荒地的意思），阿尔玛斯的庭院中有很多耐旱、多刺的植物，是各种昆虫的乐园。4月3日由得拉克拉普的出版社发行《昆虫记》第一册。往后，大约每三年出版一册。

1880年科学读物十分畅销，部分被指定为教科书。在阿尔斯庭院的枯叶堆里，发现大量的花潜金龟幼虫，于是开始研究观察他们的生活，退役军人法比那担任他的助手。

1881年被指定为巴黎学士院的通讯会员（本地会员）。

1882年《昆虫记》第二册出版。年迈的父亲搬来同住。

1885年妻子玛莉·凡雅尔（六十四岁）去世。三女阿莱亚女代母职，处理家务。开始以水彩描绘蘑菇图。

1887年与出生于隆里尼村的约瑟芬·都提尔（二十三岁）结婚。成为法国昆虫学会的通讯会员，并获赠同学会的得尔费斯奖。

1888年约瑟芬产下四子波尔。

1889年获法国学士院最高荣誉的布其·得尔蒙奖，获金一万法郎。

1890年五女波丽奴诞生。

1891年四女克蕾儿去世。

1892年荣膺比利时昆虫学会荣誉会员。

1893年父亲安杜瓦纳去世（九十三岁）。开始研究大天蛾不可思议的能力，发现雄蛾能从遥远的地方找到雌蛾，是因雌蛾发出的一种"讯息发散物"，亦即类似今日所谓的"激素"，法布尔称蛾群聚集家中的5月6日为"大天蛾之夜"，曾将天牛的幼虫烤来吃，并发射大炮来测试蝉的听力。

1894年荣膺法国昆虫学会荣誉会员。开始观察粪金龟、半人小粪金龟、鸟喙象鼻虫和大毒蝎的习性。

1895年小女安娜诞生。

1897年在阿尔玛斯家中自行教育三个年幼的孩子，妻子约瑟芬也一起听课。

1898年次女安得蕾去世。

1899年由于市面出现许多仿作，他写的科学读物不再被指定为教科书，版税因此减少，生活再度陷于困境。

1902年为了抚养三个稚子，开始取出存放在出版社的版税和稿费，荣膺俄罗斯昆虫学会荣誉会员。

1905年法国学士院颁发吉尼尔奖，获赠养老金三千法郎。

1907年《昆虫记》第十册发行，可是销路不佳。学生勒格罗博士提出举办《昆虫记》出版30周年庆祝仪式，并发现法布尔老师的生活比他想象中的还要清苦。

1908年在布罗班斯诗人米斯托拉的努力下，法布尔的贡献受到肯定，获赠养老金一千五百法郎。

1909年著《昆虫记》第11册（关于萤火虫、甘蓝菜上的青虫等的研究），身体已十分衰弱，出版诗集。获阿尔布"布罗班斯诗人"的荣衔。

1910年4月3日，在米斯托拉的呼吁下，召集学生、友人、读者，举办庆祝仪式，定为"法布尔日"，《昆虫记》由此扬名于世，再度荣获雷自旺·得努尔勋章（比上一回更晋一级）和养老金二万法郎。获斯特克荷尔姆学士院所颁林内奖，收到由国内外寄来的许多捐款，除了地址不明的转赠贫苦人家外，其他全部致谢函退回。

1912年妻子约瑟芬·都提尔（四十八岁）去世，

由阿莱亚和修道院护士安东尼埃奴照顾。公共事业大臣提埃利来访。

1913年波安卡雷总统来访,代表法国国民向法布尔致意。

1914年三子爱弥尔和弟弟弗朗提力克去世。

1915年5月,在家人扶持下,坐在椅子上绕庭院一周,最后一次巡视阿尔玛斯。10月7日,尿毒症加重。10月11日与世长辞。16日,葬于隆里尼墓园。

1921年在鲁格罗国会议员的奔走努力下,政府买下阿尔玛斯,以巴黎自然史博物馆分馆"阿尔玛斯·法布尔"名义保存下来,并聘请阿莱亚、波尔管理。

在撒·雷旺小学老师——卡巴尔达夫人的努力下,法布尔出生的家也以博物馆形式保存至今。

阅读体验

READING
THE EXPERIENCING

感悟作品

一、语言品味

《昆虫记》"具有科学与诗的完美结合"的写作特色。作者法布尔采用文艺的笔调,既有对昆虫的形象描写,又有个人感情的流露;语言生动传神、描写细腻、想象独特、引人入胜;拟人等手法的运用,使文章自然、亲切,可读性强。

例如:"连猫头鹰都无法离开它那油橄榄树的巢穴贸然闯进来。而长着多面的小光学眼睛的大孔雀蝶比大眼睛的猫头鹰技高一筹,无所顾忌地勇往直前,顺利通过。它迂回曲折地飞行着,方向掌握得非常之好,所以尽管越过了重重障碍,抵达时仍神清气爽,大翅膀没有丝毫的擦伤。黑夜中的那点光亮对于它来说已足够了。"这段话通过对比的手法,用生动的语言和细腻的笔触将大孔雀蝶飞舞的样子形象地展现在了读者眼前,同时将它越过障碍物的高超技术淋漓尽致地表现了出来,点明了故事主旨。

又如:"蜣螂妈妈在地下非常高兴地看到子女们长大了,这在昆虫界是极其少有的天伦之乐。它听到自己的孩子们摩擦着茧子想要破茧而出,它看到它如此精心加工的保险箱被打破。倘若地面的湿气没能令囚室变得软一些的话,它或许会走上前去帮自己那些筋疲力尽想出却出不来的孩子。妈妈和它的孩子们一起离开地洞,一同上来迎来秋高气爽,这季节,太阳暖暖的,路上的天赐美食到处都是。"作者用拟人的修辞手法详尽地描绘了蜣螂一家其乐融融的景象,形象地写出了蜣螂妈妈对子女的无限关爱,让读者如临其境。

再如:"小蝎子的体色在此时便凸显了出来:金黄的肚腹和尾巴,晶莹剔透的琥珀色钳子。青春即是美丽的象征,全都在青春的照耀下变得光彩夺目。这会儿的小蝎子确实是漂漂亮亮、仪态万千。如果这样永不变化,如果那使人毛骨悚然的尾刺毒针不出现，那它们肯定会是人们爱不释手的宠物，罕见、稀奇而又特别招人喜爱。"平时让我们害怕的蝎子在作者的描述下却变得这么美，这么惹人喜爱，可见作者观察仔细，文辞优美，内心的喜爱之情溢于言表。

法布尔将专业知识与人生感悟结合在一起，娓娓道来。他把昆虫当作自己的朋友，在对它们日常生活习性特征的描述中，体现出对生活世事的好奇与独到的看法，处处洋溢着作者本人对生命的尊重与热爱。

二、情感体验

《昆虫记》的作者法布尔是19世纪法国著名的昆虫学家、动物行为学家、作家。《昆虫记》是他的传世佳作，也是一部不朽的世界文学名著，著名作家巴金这样评价："它熔作者毕生研究成果和人生感悟于一炉，以人性观察虫性，将昆虫世界化作人类获得知识、趣味、美感、思想的美文。"

《昆虫记》是一部很吸引人的散文著作，因为它既是一部记录许多昆虫的科学百科，又是一部带有文学色彩的描写昆虫生活习性、特征的文学作品，文中的每一字每一句，都布满了作者丰富的感情，同时也展现出了昆虫的独一无二的个性：在7月如火的夏季，蝉放声歌唱，如痴如醉；大孔雀蝶扇动着自己漂亮的翅膀翩翩起舞，好像在炫耀美丽的身姿；圣甲虫"为它的后代作出无私的奉献，为儿女操碎了心"。多么可爱的小生灵，这是作者血和汗交织的成果。

法布尔初次挖出梨形粪球时的快乐是无与伦比的，他认为这比法老墓穴中的宝石圣甲虫更让人激动和快乐，还感染了跟他同行的牧羊青年。正是这种对昆虫的无限热爱，才使得作者用尽一生去观察研究这些神奇的小生灵。法布尔为了观察昆虫，一观察就是数个小时趴在一个地方，自己力不能及时还要召集家人来帮忙观察，有时甚至全家一起坐在昆虫前面观看昆虫如表演一样的有趣行动。法布尔还为了验证昆虫习性而做了大量的实验，有些实验一做就是好几年，比如大孔雀蝶一类的蝴蝶，每年能收集到的虫茧非常有限，蝴蝶的寿命又极其短暂，一旦实验失败，只能等到来年再做。但是法布尔有着惊人的毅力，对个别昆虫的研究都坚持了多年，终于得出了很多可信的结论。

法布尔是顽强的，同时又拥有我们所不曾发觉的感情世界，他以不屈的毅力战胜一切苦难，把毕生的精力都用在了昆虫研究上，以人文精神统领自然科学的庞杂实据，使虫性与人性完美融合，将区区小虫的话题书写成意味深长、耐人寻味的巨制鸿篇《昆虫记》，让昆虫世界成为后人获得无穷趣味与知识的宝库，令人赞叹不已！

三、角色体验

蝉

能够很容易地在穴道内爬上爬下，对于它是很重要的，因为当它爬到日光下的时候，它必须知道外面的气候如何。所以它要工作好几个星期，甚至一个月，才做成一道坚固的墙壁，适宜于它上下爬行。在隧道的顶端，它留着手指厚的一层土，用以保护并抵御外面空气的变化，直到最后的一刹那。只要有一些好天气的消息，它就爬上来，利用顶上的薄盖，以便测知气候的状况。

螳螂

螳螂是一种凶猛的昆虫，当蝗虫移动到螳螂刚好可以碰到它的时候，螳螂就毫不客气，一点儿也不留情地立刻动用它的武器，用它那有力的"掌"重重地击打那个可怜虫，再用那两条锯子用力地把它压紧。于是，那个小俘虏无论怎样顽强抵抗，也无济于事了。接下来，这个残暴的恶魔胜利者便开始咀嚼它的战利品了。它肯定会感到十分得意。就这样，像秋风扫落叶一样地对待敌人，是螳螂永不改变的信条。

圣甲虫

圣甲虫是一种受人尊崇的昆虫，只要有动物粪便的地方，就会有它们勤劳的身影。一只蜣螂可以滚动一个比它身体大得多的粪球。处于繁殖期的雌蜣螂则会将粪球做成梨状，并在其中产卵。

郎格多克蝎

郎格多克蝎，这种昆虫习性蒙着神秘的色彩。它的尾端有一个六节体,表面光滑,呈泡状,是制作并储存毒汁的小葫芦。蝎的毒性极强,毒腔终端是一个弯弯的螯针,色暗,尖利。针尖上有一个小细孔,毒液就是从这里流到被蜇方身体中去的。

四、感悟作品

读了《昆虫记》,让我看到昆虫世界是多么美妙,作者用那生动活泼的行文,轻松诙谐的语调向我们讲述了一个个昆虫的动人传奇。它给我们以感动,给我们以知识,给我们以启迪。

整本书所写的昆虫都使我感到有趣至极。蝉,是大家再熟悉不过的昆虫,每个夏天我们都能够聆听到蝉的鸣叫,可是我们对蝉了解得并不深,"当7月时节,许许多多的昆虫为口渴所苦,失望地在已经枯萎的花上,跑来跑去寻找饮料时,蝉则依然很舒服,不觉得痛苦"。蝉有一项与众不同的功能,即用它突出的嘴——一个精巧的尖如锥子的吸管,钻通柔滑的满是汁液的树皮,把吸管插进洞孔,然后就可以饮个饱了。这样它坐在树的枝头,才能坚持不停地唱歌。

粪金龟,是伟大的环境保卫者,它们有着令人惊叹的本领,即在一夜间就能掩埋大约一立方米的粪便,对于无法消费的食物则会运回自己的仓里。它们总是出现在最需要它们的地方,从不迟疑。这帮掩埋工的服务工作对于野外的环境卫生意义十分重大,有了它们的劳作,土壤的净化在很大程度上得以实现。有这么一支辅助性的劳动大军在做出贡献,生态环境的保持也会更加自然而然。

昆虫们的生活习性实在令人赞叹。只有通过仔细观察,在心里细腻地绘成图,再经过细致描写,这样的景象才能够一一展现在读者面前。

大自然真是奇妙,它把这些可爱的小精灵赐给我们,让它们参与到我们的生活中,若生活细心的话,这些小昆虫会给我们带来无限的快乐。它们是多么懂得生活以及生存的技巧。

五、人生思考

从观察中获得生命的美

观察对于人们必不可少,正如阳光、空气、水分对于植物之必不可少一样。发现生命的美，在于我们对事物的观察，正是这种观察的过程让我们的生命充满生机，使我们的生活充满趣味。在这里，观察是发现生命之美的最重要的方式。

罗丹曾说："生活中不是缺少美，而是缺少发现美的眼睛。"美，实际上是一种感受，这种感受附着于外在事物，即眼前景物与内在的情感体验融合的产物。"你站在桥上看风景，看风景人在楼上看你。明月装饰了你的窗子，你装饰了别人的梦。"我们把自己放入风景中，我们就已经成了风景的一部分；我们把风景放到心中，我们就已经拥有了这片风景。所以，生活中处处都能找到美，只要用心观察、细心体会，就会发现它处处充满生命的蓬勃生机和活泼意趣。

《昆虫记》，一部讲述大自然中充满灵性的昆虫的故事的巨著。它为我们的心灵打开了一扇全新的窗口，使我们进入这个生动的昆虫世界，领略到生命的真实之美。法布尔关于昆虫的进食、保护自己、交配、养育后代、劳作、狩猎及生死等，几近所有的细节描写，使我们看到在他的心中充满了对小生命无限的关爱之情和对大自然存在生命的赞美之情。法布尔以人性观照虫性，昆虫的生活习惯无不渗透着人文关怀，又以昆虫的坚强生命反观社会人生。在其朴素的笔下，一个个鲜活的生命跃然纸上，人们不仅能从中获得智慧和思想，还能在阅读过程中领略生命之美。

这些小昆虫在我们看来微不足道，但是在法布尔的精心观察下，它们突然变得越发可爱。是法布尔让我们真正懂得了昆虫不是丑陋、无价值的，它们也有可爱善良的性格，同样地当我们停下脚步去了解它们的世界，去倾听草丛中的歌唱，专注地观察一种昆虫时，将会发现另一种生命之美，体会到不一样的生活乐趣。

生活中的美充斥在各个角落，所需的是，我们要学会发现，学会观察，学会欣赏，练就一种境界。当细腻的情感燃烧时，身边细微之处的美必定会熠熠生辉、璀璨夺目。就让我们打开心灵的窗口，来迎接智慧的光芒和生活中炫目多彩的美吧！

嵌记解读

读后感

我差不多都要忘记我还有过这些朋友了。

夏虫鸣叫，日光炎炎，大家都褪去了春衣，尤其是小孩子，和各种昆虫一样活跃起来。市郊奶奶家旁边的野地里的草木茂密，渐渐地多了很多小小的新居民。我和小哥哥们最喜欢的便是去逮那会蹦跳的蚂蚱了。它们大多通身翠绿，后腿十分粗壮，我们用双手一扣以为把它捉住了，只是抬起一个手指看一眼，它便抓住时机"喳"的一声逃出了我们的魔掌。我们便继续追寻它的身影，直到逮住为止，乐此不疲。我们总是喜欢比谁抓的蚂蚱最大，然后把它们统统关到小笼子里，胡乱喂一些草叶给它们。它们若是遇到了喜欢的叶子，就会用前爪抓住，嘴巴动得很快，不停地大口咀嚼，那样子还真可爱。

除了蚂蚱，我们还在下雨之前用有着长杆子的纱网捕蜻蜓，用结实的树枝挑动从树上掉下来的毛毛虫，跟着成一条线的蚂蚁找到它们的蚁穴，在夜晚的路灯下选出最好看的蛾子……

在城市里生活久了，几乎要忘却儿时的乐事，直到我翻开了法布尔的《昆虫记》。他真是一个有趣的人，竟然用一生去观察和研究昆虫。他的观察是无比漫长和细致的，我佩服他的耐心和持之以恒，这也源于他对自然和昆虫的热爱，源于昆虫带给他的惊喜与快乐。

他看着蝉的幼虫建造房子、成虫毫无痕迹地退壳、圣甲虫合作滚粪球、螳螂举行婚礼并且吃掉新郎、蝎子妈妈一动不动照顾小蝎子……他了解它们的一举一动，就像了解他的人类邻居一样。他观察入微，并且知道它们每一个动作的含义，洁身、散步、威胁、警告、愉悦或生气……他的语言又是那样生动，让人仿佛置身于田野的花丛中，站在昆虫的身边一样。他还进行各种有趣的实验，给求偶的雄蝴蝶制造各种障碍，解剖分析圣甲虫的粪球，给灰蝗虫喂食水果调节口味，把母蝎子背上的小蝎子全部扫下来看母蝎子的反应……实验的过程真的比故事书还有趣。这些也让我想起了野地里的小虫子们，仿佛找回了小时候的欢乐。

　　这是一个多么神奇的昆虫世界啊，但是大人们却觉得它可怕或者令人厌恶。人们每天忙忙碌碌、不知所终，可曾拿出一点时间去看看身边这些生机勃勃的小家伙呢？它们生活的内容很简单，劳作、狩猎、生育、死亡，不过如此，可这些简单的事情又是那样多姿多彩，自然生动。它们能让你忘却烦恼，回归到生命的本真里。

　　但愿我们都可以像法布尔一样，在草丛间拥有一片生趣盎然的小世界。

嵌记解读

《昆虫记》是法国杰出昆虫学家、文学家法布尔的传世佳作，亦是一部不朽的著作。它熔作者毕生研究成果和人生感悟于一炉，以人性观照虫性，将昆虫世界化作供人类获得知识、趣味、美感和思想的美文。一个人耗费一生的光阴来观察、研究虫子，已经算是奇迹了；一个人一生专为虫子写出十卷大部头的书，更不能不说是奇迹；而这些写虫子的书居然一版再版，先后被翻译成五十多种文字，直到百年之后还会在读书界一次又一次引起轰动，更是奇迹中的奇迹。这些奇迹的创造者就是《昆虫记》的作者法布尔。

他也几乎是在忘却一切。不吃饭，不睡觉，不消遣，不出门；不知时间，不知疲倦，不知艰苦，不知享乐；甚至分不出自己的"荒石园"是人宅还是虫居，仿佛昆虫就是"虫人"，自己就是"人虫"。后半生五十年，心中似乎只惦记着一件事"观察实验——写《昆虫记》"。

这不会仅仅因为兴趣。兴趣这个东西，不管是先天或后天，它都是很容易变化的东西，这应当更是一种顽强的精神和一种相依为命的托付。一种科学研究，终究会被后人超越或遗忘，真理的发掘是永无止境的。但是人永远都是人。这种精神与托付，在任何时代重新体会的时候，都能感受到，这种阅读不再是学习，也不是消遣，而是怀着小小的期待，欣喜地去发现点什么。

那是一种隐秘的幸福之情,还有深深的震撼,让你存于多姿的生活中的无聊态度自惭形秽。

在本书中,法布尔将专业知识与人生感悟熔于一炉,娓娓道来,在对一种种昆虫的描述中体现出他对生活世事特有的眼光。法布尔不偏不倚而又全方位地记录下昆虫所有习性、本能、命运之悲喜,并将它们的生命等同于世界的主宰——人——同样是有尊严而神奇的。字里行间洋溢着作者本人对生命的尊重与热爱。本书的问世被看作动物心理学的诞生。

《昆虫记》不仅是一部研究昆虫的科学巨著,同时也是一部讴歌生命的宏伟诗篇。它以散文而非学术著作的形式写成,轻松,有趣,通俗,却又是优美朴素的,艺术价值也是不容小觑。法布尔也由此获得了"科学诗人""昆虫荷马""昆虫世界的维吉尔"等桂冠。人类并不是一个孤立的存在,地球上的所有生命,包括"蝉""蝴蝶""螳螂""蝎子"等在内,都在同一个紧密联系的系统之中,昆虫也是地球生物链上不可缺少的一环,昆虫的生命也应当得到尊重。《昆虫记》的确是一个奇迹,是由人类杰出的代表法布尔与自然界众多的平凡子民——昆虫,共同谱写的一部生命的乐章,一部永远解读不尽的书。这样一个奇迹,在人类迈进21世纪大门、地球即将迎来生态学时代的紧要关头,也许会为我们提供更珍贵的启示。

阅读拓展

READING
THE EXTENSIVE

本书的阅读链接

图书

《昆虫》
作者：（英）麦加文
译者：王琛柱
出版社：中国友谊出版公司
出版时间：2005年

主要内容
昆虫是地球上数量最多、最为成功的动物。它们属于无脊椎动物中的一类，叫节肢动物，其特征是具有关节的附体，分节的身体和坚硬的分节骨骼。节肢动物在主要生态系中都起极为重要的作用。尽管它们与其他动物相比不够显眼，但如果细心观察，就会发现它们不可思议的种类和数量，并可从它们不寻常的生活中学到一些东西。

《我的野生动物朋友》
作者：（法）蒂皮·德格雷
译者：黄天源
出版社：云南教育出版社
出版时间：2002年

主要内容
十二岁的法国女孩蒂皮所选择的惊险生活，完全在你的"城市定式"想象之外。她与世界是这么相处的：骑在柔软温暖的鸵鸟背上飞跑，让小狮子穆法萨吮吸着手指午睡，赤身在河边以象鼻的喷水洗浴——这不是一篇美文的断章，这些真实的画面，来自《我的野生动物朋友》中的摄影照片。

《物种起源》
作者：（英）达尔文
译者：苗德岁
出版社：译林出版社
出版时间：2013年

主要内容
19世纪30年代，达尔文乘"贝格尔"号进行了历时五年的环球航行，对动植物和地质结构等进行了大量的采集和观察，并于1859年出版了《物种起源》这一划时代的著作。达尔文首次提出了自然选择是演化的机制，并通过《物种起源》这本书证明进化论的真实性。进化论被恩格斯誉为19世纪自然科学的三大发现之一，对后世影响深远。

《笔记大自然》
作者：（美）莱斯利、罗斯
译者：麦子
出版社：华东师范大学出版社
出版时间：2008年

主要内容
这是一本指导如何给大自然书写日记的入门书。莱斯利和罗斯是美国著名的自然观察家、艺术家、教育家。他们用两种指尖艺术——书写与绘画，来传递大自然的色彩与神奇。在日记的字里行间，有流动的色彩，有凝固的字迹，其美感难以言喻……似乎，所有珍贵而不被注意的，都选择隐遁在这朴素的书里。

《生命的意义》
作者：（美）格里夫
译者：曹化银
出版社：中信出版社
出版时间：2002年

主要内容
生命的意义是什么？这个古老的问题难倒了历史上伟大的思想家。而格里夫用他特有的轻松和激情最终做出了回答：找自己喜欢做的事情，放手去做。书中的动物照片和睿智的散文语言再一次打动了读者。他思考这样的问题：我们为什么要来到世上，我们的人生目标是什么？他的轻松风格给这个一直存有最大争议的问题提供了全新的思路。

《瓦尔登湖》
作者：（美）梭罗
译者：徐迟
出版社：上海译文出版社
出版时间：2006年

主要内容
这本书的思想是崇尚简朴生活，热爱大自然的风光，内容丰厚，意义深远，语言生动，意境深邃，就像是个智慧的老人，闪现哲理灵光，又有高山流水那样的境界。书中记录了作者隐居瓦尔登湖畔，与大自然水乳交融、在田园生活中感知自然重塑自我的奇异历程。读本书，能引领人进入一个澄明、恬美、素雅的世界。

本书的文化链接

影视

微观小世界
导演：海琳·吉罗、托马斯·绍博
编剧：托马斯·绍博、海琳·吉罗
主演：无

剧情简介
这是一个微缩版的虫虫世界。每个故事的主角都是小昆虫，爱欺负人的瓢虫、遵守交通规则的蜜蜂、喊口令成群出动的蚂蚁、坚持不懈滚着方形便便球的屎壳郎、幻想能快速飞驰的蜗牛、破茧成蝶的可爱毛毛虫等，这些小昆虫的形象不仅让人眼前一亮，而且个性鲜明，也让观众看起来津津乐道……

海洋之歌
导演：汤姆·摩尔
编剧：威尔·柯林斯、汤姆·摩尔
主演：大卫·罗尔、布莱丹·格里森、丽莎·汉尼根、菲奥纽拉·弗拉纳根

剧情简介
在一个风景如画的海中小岛，小男孩本和妹妹西尔莎相依为命。喜欢幻想的西尔莎偶然发现妈妈留下的贝笛，结果险些溺毙大海，最终导致奶奶强制性地将两个孩子带离这座小岛。兄妹俩无法适应城市的生活，他们在街道游走的时候，意外遭遇了三个奇怪的小精灵，他们希望借助"海豹女"西尔莎的歌声回到故乡，神奇的冒险就此展开……

森林战士
导演：克里斯·韦奇
编剧：詹姆士·V.哈特等
主演：阿曼达·塞弗里德、乔什·哈切森、碧昂丝·诺尔斯、科林·法瑞尔
剧情简介
失去母亲的少女玛丽去大森林找她因研究森林精灵和牺牲了家庭和婚姻的父亲。玛丽到达那天刚好是祥和的森林守护者女王塔拉选出继承人的日子，然而他们的死对头却要阻止继承人的诞生，这样便可以顺利地让腐烂和死亡的气息布满森林。玛丽意外卷入两个矮人族的存亡纷争之中，而她也和森林守护者们肩负起保卫森林的重任……

亚瑟和他的迷你王国
导演：吕克·贝松
编剧：赛琳娜·卡西亚、吕克·贝松
主演：弗莱迪·海默、米亚·法罗
剧情简介
刚搬家的卢卡斯，在学校没朋友，又被邻居恶霸欺负，只好把怒气出在蚂蚁上，破坏他们的巢穴，不料蚂蚁起来报复，用一把神奇缩小枪，将卢卡斯变成蚂蚁般大小，并把他带回巢穴一同生活，经过这次，卢卡斯学会了宽容与同情，友情的真谛，欣赏和敬畏自然本身。

嵌记链接

经典语录

1. 名声缘于此！一个就如自然史一般的其道德遭受蹂躏的故事，一个好处只在于短小精悍的妈妈讲的故事，它成为一种名声的基础，而这种名声会像《小拇指》中的靴子和《小红帽》中的烙饼一样紧紧地支配着岁月留下来的一些记忆痕迹。儿童的记忆非常好，习惯、传统等一旦进入他们的脑子，就再也抹不掉了。

2. 生物有各种各样的诞生方式，值得肯定的是还有比蝗虫更让人震惊的方式，但是，那些都是在时间这张庞大的帷幕笼罩下悄无声息地开展着。假设我们没有坚持到底的干劲，我们就不会看到那奇特却缓慢的过程中最让人心动的场景。

3. 妈妈在喂婴儿喝粥以前，都先用嘴唇去试探粥的冷热。雌性象态橡栗象也是以同样的慈母心这么去对待自己的孩子。它把长鼻尖端伸到井底深的地方，看看里面的食物情况，之后再留给自己的幼虫。

4. 在这个世界上，大家不管强弱都各有自己的作用。假如说乌鸫为万物苏醒而快乐，鸣唱是很好的事的话，我们也不要想着橡栗被蛀空是件不好的事。蛀坏的橡栗是在为鸟儿预备饭后甜食啊，象态橡栗象肉味鲜美，可以让鸟儿臀肥歌美。

5. 谁告诉你今天没有用的东西明天就不是有用的？弄清楚了昆虫的习性，我们便能更好地保护我们的财富。

6. 如果蟋蟀待在叶丛中无人打扰的话，它的声音便不会变化，但只要有一点响声，这位歌手就立刻改用腹部发声。你刚才听见它一直在你面前鸣唱，然后突然瞬间，你又听到它在那边二十步以外的地方继续歌唱，实际上只是音量减弱了，你还认为是距离的原因。

7. 昆虫对我们讲："母爱属于本能的崇高灵感。"母爱旨在维持族类长期繁衍，这是远高于保护个体的更利害相关的头等大事，所以母爱唤醒最迟钝的智力，使其高瞻远瞩。

8. 妈妈从温柔甜蜜的育婴中摆脱出开来，那么所有特性中最优秀的智能特性便渐渐减弱，甚至完全泯灭。因为无论是动物还是人类，家庭一直是尽善尽美的源头。

9. 自然中与此相近的两个极端比比皆是。对于大自然而言，我们的美或丑，肮脏或者干净又算得了什么？大自然利用污秽为我们创造出鲜花，用粪肥给我们创造出优质的麦粒。

10. 第一次见到圣甲虫妈妈的作品时的深刻印象，永远也无法忘却。纵使我是挖掘古埃及的圣骨的考古学专家，在我挖到某个法老的地下墓穴中的雕琢成绿宝石的圣虫，也不如这次激动。啊！忽然金光四射的真理被发现的快乐呀，什么快乐能与你相比呀！

11. 蜣螂妈妈在地下非常高兴地看到子女们长大了，这在昆虫界是极其少有的天伦之乐。它听到自己的孩子们摩擦着茧子想要破茧而出，它看到它如此精心加工的保险箱被打破。倘若地面的湿气没能令囚室变得软一些的话，它或许会走上前去帮自己那些筋疲力尽想出却出不来的孩子。妈妈和它的孩子们一起离开地洞，一同上来迎来秋高气爽，这季节，太阳暖暖的，路上的天赐美食到处都是。

12. 用各种各样的方式进行杀戮掠夺已经在芸芸众生中横行无度了。自低级到高级的生物界中，凡是生产者都遭受到非生产者的剥削。人类以其特殊地位本应该超然于这些灾难之外，但却反倒成了这类弱肉强食残忍表现的最好诠释者。

13. 我十分震惊：蝎子的母爱和人类差不多。回想进化的初期，当世上第一只蝎子产生时，酝酿在生命深处的这种对孩子的爱心早就深深印在了灵魂最深的地方。

14. 小蝎子的体色在此时便凸显了出来：金黄的肚腹和尾巴，晶莹剔透的琥珀色钳子。青春即是美丽的象征，都在青春的照耀下变得光彩夺目。这会儿的小蝎子确实是漂漂亮亮、仪态万千。如果这样永不变化，如果那使人毛骨悚然的尾刺毒针不出现，那它们肯定会是人们爱不释手的宠物,罕见、稀奇而又特别招人喜爱。